理工系の基礎数学
【新装版】

常微分方程式

JN037394

理工系の基礎数学【新装版】

常微分方程式
ORDINARY DIFFERENTIAL EQUATIONS

稲見 武夫　Takeo Inami

An Undergraduate Course
in Mathematics
for Science and Engineering

岩波書店

理工系数学の学び方

数学のみならず，すべての学問を学ぶ際に重要なのは，その分野に対する「興味」である．数学が苦手だという学生諸君が多いのは，学問としての数学の難しさもあろうが，むしろ自分自身の興味の対象が数学とどのように関連するかが見出せないからと思われる．また，「目的」が気になる学生諸君も多い．そのような人たちに対しては，理工学における発見と数学の間には，単に役立つという以上のものがあることを強調しておきたい．このことを諸君は将来，身をもって知るであろう．「結局は経験から独立した思考の産物である数学が，どうしてこんなに見事に事物に適合するのであろうか」とは，物理学者アインシュタインが自分の研究生活をふりかえって記した言葉である．

　一方，数学はおもしろいのだがよく分からないという声もしばしば耳にする．まず大切なことは，どこまで「理解」し，どこが分からないかを自覚することである．すべてが分かっている人などはいないのであるから，安心して勉強をしてほしい．理解する速さは人により，また課題により大きく異なる．大学教育において求められているのは，理解の速さではなく，理解の深さにある．決められた時間内に問題を解くことも重要であるが，一生かかっても自分で何かを見出すという姿勢をじょじょに身につけていけばよい．

　理工系数学を勉強する際のキーワードとして，「興味」，「目的」，「理解」を強調した．編者はこの観点から，理工系数学の基本的な課題を選び，「理工系の基礎数学」シリーズ全10巻を編纂した．

1. 微分積分
2. 線形代数
3. 常微分方程式
4. 偏微分方程式
5. 複素関数
6. フーリエ解析
7. 確率・統計
8. 数値計算
9. 群と表現
10. 微分・位相幾何

各巻の執筆者は数学専門の学者ではない．それぞれの専門分野での研究・教育の経験を生かし，読者の側に立って執筆することを申し合わせた．

　本シリーズは，理工系学部の1〜3年生を主な対象としている．岩波書店からすでに刊行されている「理工系の数学入門コース」よりは平均としてやや上のレベルにあるが，数学科以外の学生諸君が自力で読み進められるよう十分に配慮した．各巻はそれぞれ独立の課題を扱っているので，必ずしも上の順で読む必要はない．一方，各巻のつながりを知りたい読者も多いと思うので，一応の道しるべとして相互関係をイラストの形で示しておく．

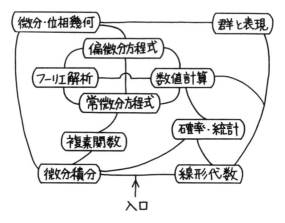

　自然科学や工学の多くの分野に数学がいろいろな形で使われるようになったことは，近代科学の発展の大きな特色である．この傾向は，社会科学や人文科学を含めて次世紀にもさらに続いていくであろう．そこでは，かつてのような純粋数学と応用数学といった区分や，応用数学という名のもとに考えられていた狭い特殊な体系は，もはや意味をもたなくなっている．とくにこの10年来の数学と物理学をはじめとする自然科学との結びつきは，予想だにしなかった純粋数学の諸分野までも深く巻きこみ，極めて広い前線において交流が本格化しようとしている．また工学と数学のかかわりも近年非常に活発となっている．コンピュータが実用化されて以降，工学で現われるさまざまなシステムについて，数学的な(とくに代数的な)構造がよく知られるようになった．そのため，これまで以上に広い範囲の数学が必要となってきているのである．

　このような流れを考慮して，本シリーズでは，『群と表現』と『微分・位相幾何』の巻を加えた．さらにいえば，解析学中心の理工系数学の教育において，代数と幾何学を現代的視点から取り入れたかったこともその1つの理由である．

　本シリーズでは，記述は簡潔明瞭にし，定義・定理・証明を羅列するようなスタイルはできるだけ避けた．とくに，概念の直観的理解ができるような説明を心がけた．理学・工学のための道具または言葉としての数学を重視し，興味をもって使いこなせるようにすることを第1の目標としたからである．歯ごたえのある部分もあるので一度では理解できない場合もあると思うが，気落ちすることなく何回も読み返してほしい．理解の手助けとして，また，応用面を探るために，各章末には演習問題を設けた．これらの解答は巻末に詳しく示されている．しかし，できるだけ自力で解くことが望ましい．

　本シリーズの執筆過程において，編者も原稿を読み，上にのべた観点から執筆者にさまざまなお願いをした．再三の書き直しをお願いしたこともある．執筆者相互の意見交換も活発に行われ，また岩波書店から絶えず示された見解も活用させてもらった．

　この「理工系の基礎数学」シリーズを征服して，数学に自信をもつようになり，より高度の数学に進む読者があらわれたとすれば，編者にとってこれ以上の喜びはない．

　　1995 年 12 月

編者　吉川圭二

和達三樹

薩摩順吉

まえがき

物理学から工学まで，問題を解析するさいに基礎となる方程式は微分方程式の形をとることが多い．したがって，理工学で出会う問題を解く過程では多くの場合，微分方程式を解く，あるいはその解の性質を調べる作業を行なっているのである．微分方程式は常微分方程式と偏微分方程式に大別されるが，本書では常微分方程式だけに主題を置いて，その基本的な事柄を扱う．

　常微分方程式と一口にいっても，じつはいろいろの種類があり，それらが含む問題も広い範囲にわたっている．またその解法も多様である．しかし本書では，多くの種類の微分方程式を取りあげてできるだけ多くの解法を示すという考え方はとらなかった．そのかわりに，応用上重要である，あるいは数学的に興味がある形（両者が一致する場合も多い）の方程式を取り上げ，できるだけ一般的な見方を読者に示すことを意図した．

　微分方程式の本を読む上でたくさんの練習問題を解く作業を強いられると，途中で挫折してしまうことも多い．本書では，例や例題をできるだけ理工学で実際に出会う問題から精選し，それらをくわしく扱うという方針をとった．

　常微分方程式を学ぶには，微分積分の知識と線形代数の初歩的知識が必要である．本書では読者がこれらの知識をもっていることを前提としている．とくに最後の2つの章では，複素関数論の初歩と行列のいくつかの性質についての知識が必要となる．本シリーズの他の巻などで，必要な項目を参照して補って欲しい．

　本書の執筆にあたって，悩んだ点がいくつかあった．微分方程式の理論における最も基本的な事柄は，解の存在と一意性についての定理である．応用を目的とする本では，できるだけ多くの形の方程式と解法を与えることに力点が置かれ，存在定理には軽く触れるだけのことが多い．しかし存在定理の内容を理解しておくと，いろいろな形の微分方程式を解き，解の性質を理解する上で，

たいへん見通しがよくなり，微分方程式に対する理解が深まる．このことを考えて，迷った末に思い切って解の存在定理を早い段階(1-5節)で説明することにした．定理の証明は，初めて読む際には程度がすこし高い恐れがある．しかしそこで立ち止まらず，定理の内容と証明の道筋を感じ取れればよしとして，先へ読み進んで大丈夫である．後の章へ進んでから何度か1-5節の定理へ立ち帰る機会がある．

　もう1つの悩みは，定理とその証明という数学の本の典型的スタイルを取り入れるかどうかである．このような議論の進め方によって問題点をより明確にできる場合には，本書でもこの書き方を一部採用した．しかし証明に面倒な数学的考察が必要となるときには，証明の道筋だけを示すにとどめた．

　各章での議論では，まず簡単な例を用いてその章の目的とするところを示し，その結果に基づいて一般論を展開するという進め方を採用した．そのために，初めに出会う例では数学的なことばが厳密に定義されていない場合も出てくるが，気にせずに読み進んで欲しい．

　本書で常微分方程式の基本概念はひととおり説明したが，紙数の関係もあり，力学系としての微分方程式の解説と，微分方程式の解の安定性について述べることができなかった．これらはまた他の機会に考えたい．

　本で学んだことが実地に応用できたときに初めて，微分方程式の有用さとおもしろさが分かるであろう．読者が力学や量子力学の問題を解くときに，本書で学んだ常微分方程式についての知識と解法技術がすこしでも役に立つことがあれば，著者としてこのうえなく幸いである．

　最後に，本書の執筆にあたって長期間にわたり温かいご支援を頂いた岩波書店編集部の片山宏海氏と宮部信明氏に心からお礼を申し上げたい．片山氏には原稿の内容について多くの貴重なご意見を頂いた．編者の一人である東京大学教授和達三樹氏には原稿を閲読して有益なご指摘を多数頂いた．厚くお礼を申し上げたい．

　　1998年2月

稲見武夫

目　　次

1 微分方程式の基礎概念

この章ではまず，簡単な例を用いて，微分方程式とは何か，その解とは何かについて概観する．いろいろな種類の微分方程式が登場するが，それらに慣れていただくことが主たる目的である．初めのうちは，数学的な意味を正確に理解できなくても，気にせずに読み進んで欲しい．1-4節および第2章以降で，数学的な道具や言葉の，より詳しい説明を与える．なかでも1-5節の解の存在についての定理は，大体の内容をつかんでおけばよい．第2章以降を読むときに，この節の内容を参照することにより，その章の内容の理解も進むであろう．

1-1 自然法則と方程式

自然界には惑星の運動のように規則正しいものから，流体の乱流のように複雑な運動まで，さまざまな物理現象が起きている．どの物理現象にもそれ特有の規則性が見られ，この規則性を自然法則として理解するのが物理学である．そのためには，この規則性を数学の言葉を用いて，**方程式**という形に表わすことが必要となる．

　数学で方程式と呼ばれるものにはたくさんの種類があるが，ここでは2つのものに注目する．第1の例として，容積が変わりうる容器に入った気体を考えよう．外部と熱のやり取りがないとき（これを**断熱過程**という），気体の体積

V, 圧力 P, 温度 T の間には

$$PV = NkT \tag{1.1}$$

という関係が成り立ち、ボイル-シャルルの法則と呼ばれる。N は気体分子の数、k はボルツマン定数である。この式は積や和、差だけからなる**代数方程式**である。

第2の例として、自由落下する物体の運動を考えよう。物体の高さ y が時間 t とともに変わっていく様子は、ニュートンの運動法則として表わされる。

$$\frac{d^2y}{dt^2} = -g \tag{1.2}$$

g は重力加速度である。この式は y の導関数に対する方程式である。このように導関数を含んだ方程式を**微分方程式**(differential equation)という。(1.2)式では、$y(t)$ は**変数 t の未知関数**である。**微分方程式(1.2)を解く**とは、この式に代入したときに(1.2)式が恒等的に成り立つような関数 $y(t)$ を求めることをいう。また、この関数を微分方程式(1.2)の**解**(solution)という。

上の2つの例から、物理法則が代数方程式として表わされたり、あるいは微分方程式という形に書かれることが分かった。次節の例(例2.4)で明らかになるように、(1.1)のような代数方程式も、(1.2)のような微分方程式と密接に関連している。

物理学や工学に限らず、たとえば生物集団の個体数が増えていく様子や経済成長など、生物や社会現象にも微分方程式が応用されている。これらの極めて複雑な現象も、問題を単純化することにより、1つ(または少数)の独立変数と少数の未知関数で表わすことができれば、数学の問題としてとらえることが可能になり、未知関数が満たすべき微分方程式が導かれる。この数学的定式化の作業を、**数学的モデル**を作るという。

微分方程式は応用上、時間を独立変数とする場合が多い。物理学では時間を文字 t で表わし、その関数を $f(t)$ と書く習慣がある。本書では場合に応じて、変数として t や x などの文字を使い分ける。

状態(未知関数 y)が変化する割合い(導関数 y')が従う関係式が微分方程式である。この方程式を解くことは、状態がどのように変化していくか予測するこ

とを意味し，数理科学の本質的な部分をなしている．

　微分方程式は導関数に関する方程式であり，微分法と積分法の知識が必要となる．その基本を簡単に復習しておこう．変数 t が Δt だけ変わると，関数 $f(t)$ は

$$\Delta f(t) = f(t+\Delta t) - f(t) \tag{1.3}$$

だけ変化する．このとき，1 階の**導関数**(derivative)は

$$\frac{df(t)}{dt} = \lim_{\Delta t \to 0} \frac{\Delta f(t)}{\Delta t} \tag{1.4}$$

で定義される．導関数のことを**微分係数**ともいう．df/dt の代りに f' または $\dot{f}$ という記号もよく用いられる．2 階以上の導関数は

$$\frac{d^2 f}{dt^2}, \cdots, \frac{d^n f}{dt^n}$$

あるいは，$f'', \cdots, f^{(n)}$ または $\ddot{f}, \cdots, f^{(n)}$ で表わされる．

　ある関数 $f(t)$ が与えられたとき，$f(t)$ を**微分**(derivation, differentiation)するというのは，その導関数 $f'(t)$ を求める操作である．逆に，導関数 $f'(t)$ が与えられたとき，$f(t)$ を求める操作が**積分**(integration)であり，

$$f(t) = \int^t f'(u)du \tag{1.5}$$

と書く．つまり，微分と積分は互いに逆の操作である．右辺において，変数 u は積分した後では残らない変数であるから，u の代りに別の文字を使ってもよい．(1.5)式の右辺は不定積分であり，積分の下限のとり方に由来する任意定数(積分定数)を含んでいる．

　[例 1.1] 簡単な初等関数の微分と積分の例．**初等関数**とは多項式や三角関数，対数関数など，およびそれらの合成からできる関数のことをいう．

　A) 微分

$$(x^\mu)' = \mu x^{\mu-1} \quad (\mu \text{ は整数でなくてもよい}) \tag{1.6}$$

$$[\log(ax+b)]' = \frac{a}{ax+b}$$

$$[\sin(ax+b)]' = a\cos(ax+b)$$

$$[\cos(ax+b)]' = -a\sin(ax+b) \tag{1.7}$$

$$(\sin^{-1} x)' = \pm(1-x^2)^{-1/2}, \quad (\cos^{-1} x)' = \mp(1-x^2)^{-1/2} \tag{1.8}$$

B) 積分

$$\int^x u^\mu du = \frac{1}{\mu+1} x^{\mu+1} \quad (\mu=-1 \text{ は除く}) \tag{1.9}$$

$$\int^x \frac{a}{au+b} du = \log|ax+b| \tag{1.10}$$

$$\int^x \sin(au+b)du = -\frac{1}{a}\cos(ax+b)$$
$$\int^x \cos(au+b)du = \frac{1}{a}\sin(ax+b) \tag{1.11}$$

ここで a, b は定数である. ∎

このほか, 微分と積分に関する初歩的な公式をいくつかあげておく.

合成関数の微分または変数変換(ライプニッツ規則). $u=f(x)$ として,

$$\frac{d}{dx}F(u) = \frac{du}{dx}F'(u) \tag{1.12}$$

置換積分. $u=f(x)$ として,

$$\int^u duF(u) = \int^x dx\frac{du}{dx}F(u) = \int^x dxf'(x)F[f(x)] \tag{1.13}$$

部分積分.

$$\int_a^x duf'(u)g(u) = f(u)g(u)\Big|_a^x - \int_a^x duf(u)g'(u) \tag{1.14}$$

1-2 微分方程式の作り方

この節では, いろいろな分野で広く使われる微分方程式の簡単な例を用いて, 微分方程式の作り方を説明する.

[**例 2.1**] 放射性物質の崩壊過程. ウラン 235 などの放射性物質は, 放射線を放出して崩壊する. はじめの原子の数 N は時間 t とともに減少する. 短い時間間隔を Δt と書く. Δt 内での原子の数の変化 ΔN は N 自身と Δt に比例することが, 実験で確かめられている. この比例係数は負であり, それを $-\gamma$ と

書くと,

$$\Delta N = -\gamma N \cdot \Delta t \tag{1.15}$$

γ を**崩壊定数**という. Δt として微小な量を考え,両辺を Δt で割る. $\Delta N/\Delta t$ に対して微分の定義(1.4)を用いて,個数 $N(t)$ を未知関数とする微分方程式が次のように得られる.

$$\frac{dN}{dt} = -\gamma N \tag{1.16}$$

dN/dt は単位時間当りの崩壊数である. (1.16)式に含まれる導関数は1階であり,**1階の微分方程式**という. ▌

　[**例2.2**]　バクテリアなどの個体数の増殖. バクテリアなどの集団は各個体が分裂を繰り返しながら増殖する. 栄養物質が十分あるなど環境が整っていれば,個体数 $N(t)$ は時間 t とともに増加する. 単位時間当りの N の増加数(増加率)は上の例と同様に微分係数 dN/dt で表わされる. どの個体も同じ仕組みで増えるから,増加率は N に比例すると考えられる. この仮定は実験的にも確かめられている. この比例係数(増殖率)を μ と書いて,$N(t)$ の変化を表わす微分方程式

$$\frac{dN}{dt} = \mu N$$

が得られる. ▌

　[**例2.3**]　ロジスティック方程式. 上の例2.2で,N が増加しつづけると,栄養物質が不足するなどの環境の悪化が起こり,増殖率 μ は低下する. 極端な場合には,N がある数 M に達すると,もはや増殖できなくなる. この影響を取り入れて,増殖率として μ の代りに $\mu(1-N/M)$ を用いると,N の変化を表わす微分方程式は

$$\frac{dN}{dt} = \mu\left(1-\frac{N}{M}\right)N$$

となる. あるいは,変数変換 $N/M = n$ を行なって,

$$\frac{dn}{dt} = \mu(1-n)n \tag{1.17}$$

とかける．この微分方程式は生物集団の増殖や社会の経済成長などを記述するのに有効な数理モデルとして広く用いられ，**ロジスティック**（logistic，糧食に関する）**方程式**と呼ばれる．▌

［例 2.4］ 平面上の曲線の方程式．幾何学の問題として，xy 平面上の曲線の方程式を考える．

（a） 原点を中心とする半径 r の円は，2 次式

$$x^2 + y^2 = r^2 \tag{1.18}$$

で表わされる．両辺を x で微分すると

$$yy' + x = 0 \tag{1.19}$$

が得られる．

（b） 3 次曲線の問題はもうすこし複雑になる．3 重根をもつ 3 次曲線の一般形は

$$y = (x-a)^3 + b \tag{1.20}$$

である．上式の両辺を x で微分すると，$y' = 3(x-a)^2$．この式と (1.20) 式から $x-a$ の因子を消去すると，

$$y' = 3(y-b)^{2/3} \tag{1.21}$$

という形の微分方程式が得られる．

（c） 一定の曲率 $1/r$ をもつ曲線は任意の点 (a, b) を中心とする半径が r の円である．

$$(x-a)^2 + (y-b)^2 = r^2 \tag{1.22}$$

この式を x で微分すると $x-a+(y-b)y'=0$ が得られ，もう 1 回微分すると $1+y'^2+(y-b)y''=0$ を得る．この 2 つの式と (1.22) 式から $x-a$ と $y-b$ の因子が消去できて，

$$r^2(y'')^2 = [1+(y')^2]^3 \tag{1.23}$$

この式に含まれる導関数の最高階数は 2 であり，(1.23) 式を **2 階の微分方程式**という．▌

以上の例は，平面上の曲線が (1.18)，(1.20)，(1.22) のような代数方程式と (1.19)，(1.21)，(1.23) のような微分方程式の，どちらによっても表わすことができることを意味している．

 [**例2.5**] 質点の1次元運動. 外力を受けて運動する物体の運動はすべてニュートンの運動方程式を満たす. 物体の位置座標をベクトル $\boldsymbol{y}$ で表わす. 力 $\boldsymbol{F}$ もベクトルで表わされる. 運動方程式は $\boldsymbol{y}$ の2階の微分方程式である.

$$F = m\boldsymbol{a} = m\frac{d^2\boldsymbol{y}}{dt^2}$$

$\boldsymbol{a}$ は加速度ベクトルである. 力が一方向だけに働く簡単な場合には, 質点の運動は1つの座標 y だけで表わされ, 1次元の運動といわれる.

$$F = m\frac{d^2y}{dt^2} \tag{1.24}$$

 （a） 自由落下. 地表の近くでは, 質点が受ける力は鉛直方向に $F=-mg$. 質点の鉛直方向の座標を y とする. （1.24）式は

$$\frac{d^2y}{dt^2} = -g \tag{1.25}$$

となり, 1-1 節の式（1.2）を与える.

 （b） 空気の抵抗を受ける落下運動. 鉛直方向に落下する物体が速度 v に比例する空気抵抗を受けるとする. その比例定数を $m\nu$ で表わす. 力 $F=-mg-m\nu v$ を（1.24）式に代入すれば

$$\frac{d^2y}{dt^2} = -\nu\frac{dy}{dt}-g \tag{1.26}$$

が得られる.

 （1.25）式と（1.26）式は未知関数 y の2階の導関数を含む微分方程式である. ところで, 速度は $v=dy/dt$ と表わされるので, y と v の両方を未知関数とみなすことができる. このときには, 上の2つの方程式はどちらも連立1階微分方程式の形に書き直すことができる. （1.26）式の場合を書くと,

$$\frac{dy}{dt} = v, \quad \frac{dv}{dt} = -\nu v-g \tag{1.27}$$

となる. ∎

 [**例2.6**] バネによる質点の振動. 水平面上で, バネにつながれた質点がバネの長さの方向に行なう運動を考える. 図1-1のように, 長さの方向に座標軸

y をとり，質点の静止位置を原点 $y=0$ に選ぶ．バネの弾性定数を k とすると，質点に働く力はフックの法則から決まり，$F=-ky$．この式を運動方程式 (1.24) に代入すると，質点の運動を表わす微分方程式が得られる．$\omega^2=k/m$ とおけば，

$$\frac{d^2y}{dt^2}=-\omega^2 y \tag{1.28}$$

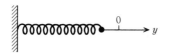

図1-1　バネの振動

例2.5 の場合と同様にして，2階の微分方程式 (1.28) も連立微分方程式

$$\frac{dy}{dt}=v,\qquad \frac{dv}{dt}=-\omega^2 y$$

の形に書くことができる．∎

[例2.7]　弦の振動．上の例2.5と例2.6で取り上げた質点の運動では，質点の座標 y が時間 t とともにどう変わるかが問題であり，t が変数である．質点の代りに弦の（横方向の）運動を考える．弦の長さに沿って各点の座標を x と書く．各点ごとの変位 y は t と x の2つの変数の関数であり，$y(t,x)$ と書かれる（図1-2）．弦の振動に対しても，ニュートンの運動法則に基づいて，変位 y が満たすべき微分方程式が導かれる．結果だけを書くと

$$\frac{\partial^2 y}{\partial t^2}-v^2\frac{\partial^2 y}{\partial x^2}=0 \tag{1.29}$$

v は弦の材質から決まる定数であり，振動が伝わる速度である．∎

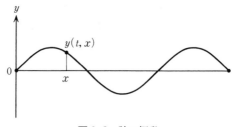

図1-2　弦の振動

（1.29）式は x と t についての偏微分係数 $\partial^2 y/\partial x^2$, $\partial^2 y/\partial t^2$ を含むので，**偏微分方程式**（partial differential equation）と呼ばれる．これに対して，例 2.1～例 2.6 の微分方程式は**常微分方程式**（ordinary differential equation）と呼ばれる．

前節のいくつかの例でみたように，いろいろな現象に対して異なるタイプの微分方程式が得られることが分かった．そしてその解き方も，微分方程式のタイプによって違ってくるのである．一般の微分方程式では，解が初等関数では表わせないものや，さらには，解析的には求まらないものも多い．

次章以降で微分方程式の一般的な解き方をくわしく説明するが，その準備として，前節で作った微分方程式の例を解いてみよう．それにより微分方程式を解くにはどんな道具や手法が必要となるかを見ておこうというのである．まず，微分方程式の**解**とは何か，解はいくつあるかなどについて，代数方程式との比較から考えてみる．

代数方程式の簡単な例として，2 次方程式

$$x^2 + bx + c = 0 \tag{1.30}$$

を考えよう．この方程式には根が 2 つあり，それらは根の公式で与えられる．3 次と 4 次の方程式に対しても，根の公式がある．ところが，5 次以上の方程式になると，根の一般公式はもはや存在しない．

微分方程式の簡単な例として，前節の例 2.1 で扱った 1 階の微分方程式

$$\frac{dy}{dt} = ay \tag{1.31}$$

を考える．

$$y = Ce^{at} \tag{1.32}$$

を上の式に代入し，指数関数の微分公式 $(e^{at})' = ae^{at}$ を使えば，（1.31）式が成り立つことが確かめられる．すなわち，（1.32）式は微分方程式（1.31）の解なのである．C は定数で勝手な数でよい．C が任意の実数でよいということは，

微分方程式(1.31)には無数の解があることを意味していて，代数方程式(1.30)の場合と大きく異なる．のちに1-5節でくわしく述べるが，かなり一般の微分方程式には解が存在する．解は無数にあるが，ある条件(初期条件と呼ばれる)を課すことにより，このうちのただ1つだけが選ばれる．

以下の例は，前節の例を解いたものである．

[例3.1]（例2.1から）

$$\frac{dN}{dt} = -\gamma N \tag{1.33}$$

dt も Δt と同様に1つの文字記号とみなせるから，掛けたり割ったりしてよい．上の式の両辺を N で割り，dt を掛けると

$$\frac{1}{N}dN = -\gamma dt \tag{1.34}$$

となる．このようにして得られた式は，じつは初めの式(1.15)に他ならない．(1.34)式の両辺を積分すると，

$$\int^N \frac{1}{N}dN = -\gamma \int^t dt \tag{1.35}$$

が得られる．積分の下限はある定数であるが，(1.34)式はその値によらずに成り立つので，省略した．(1.33)式から(1.35)式に到る手順は，今後も繰り返し使われる手法である．左辺の積分は，u^{-1} に対する積分公式 $\int u^{-1}du = \log|u|$ (1.10)を用いて求められ，

$$\log N = -\gamma t + 定数 \tag{1.36}$$

となる．ただし(1.35)式の両辺から出てくる2つの積分定数を1つの定数としてまとめてある．(1.36)式の両辺の指数関数をとって，

$$N(t) = N_0 e^{-\gamma t} \tag{1.37}$$

右辺の定数 N_0 は(1.36)式の定数に由来している．N_0 は初めの時刻 $t=0$ における N の値であり，N の**初期値**という．式では

$$N(0) = N_0$$

と書いて，**初期条件**(initial condition)という．

解(1.37)は，$t=0$ で N_0 個あった元の原子の数が，時間 t の経過にともない

指数関数的に減少する様子を表わしている. 個数 N が初めの $1/2$ に減少する
までにかかる時間を**半減期**といい, τ で表わす. $N(\tau)/N_0=e^{-\gamma\tau}=1/2$ を解いて,
$\tau=(\log 2)/\gamma$ を得る. ▮

[**例3.2**] (例2.3から)

$$\frac{dn}{dt} = \mu(1-n)n \tag{1.17}$$

上の例と同じ手法が使える. 両辺を $(1-n)n$ で割り, dt を掛けて

$$\mu dt = \frac{1}{(1-n)n}dn = \left(\frac{1}{1-n}+\frac{1}{n}\right)dn$$

両辺を積分する. 右辺の各項の積分は(1.35)式の左辺と同じ形であるから, や
はり積分公式(1.10)が使えて,

$$\mu t = -\log|1-n| + \log|n| + 定数$$
$$= \log\left|\frac{n}{1-n}\right| + 定数 \tag{1.38}$$

両辺の指数関数をとって

$$\frac{1-n}{n} = Ae^{-\mu t} \tag{1.39}$$

A は任意定数である. この式を n について解いて,

$$n(t) = \frac{1}{1+Ae^{-\mu t}} \tag{1.40}$$

n の初期値を $n(0)=n_0$ と書くと, $n_0=1/(1+A)$. $A=(1-n_0)/n_0$ を(1.40)式
に代入して

$$n(t) = \frac{n_0}{n_0+(1-n_0)e^{-\mu t}} \tag{1.41}$$

解(1.41)の挙動を調べてみよう. 無限の未来 $t\to\infty$ の極限では, $e^{-\mu t}\to 0$ に
より, $n(t)\to 1$ となる. すなわち, 個体数 N は一定値 M に近づく. この近づ
き方は初期値 n_0 の与え方(初期条件)によって決まる. $n_0<1$ であれば $n(t)$ は
下から $n=1$ の直線に近づき(図1-3の曲線I), $n_0>1$ であれば上から近づく
(曲線II). $n_0=1$ のときには, $n(t)$ は $n=1$ の直線と一致する(直線III). $A<0$

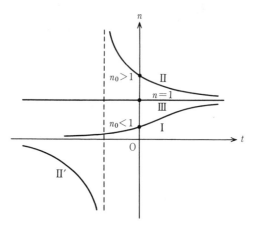

図 1-3 (1.17)式の解曲線

$(n_0 < 0$ または $n_0 > 1)$ のときには，$n(t)$ は $t = (\log(-A))/\mu$ の点で発散してしまい，解(1.41)のグラフは2つの部分 II と II′ にわかれる．▮

この例のように，1つの未知関数に対する微分方程式の解 $y(t)$ は ty 平面上の曲線として表わされる．この曲線を**解曲線**という．図 1-3 から推測できるように，初期条件を変えると解曲線は異なる曲線を描く．

[例3.3]（例2.4から）

(a)
$$y\frac{dy}{dx} + x = 0 \tag{1.42}$$

上の2つの例とすこし違った解き方をしてみよう．両辺を x で積分して，

$$\int^x (yy' + x)dx = 0 \tag{1.43}$$

第2項は直ちに積分できて $\frac{1}{2}x^2 +$ 積分定数．第1項も，$yy' = \frac{1}{2}(y^2)'$ を用いて積分できる．2つの積分定数の和を $\frac{1}{2}r^2$ とおくと，円を表わす2次方程式が得られる．

$$x^2 + y^2 = r^2 \tag{1.44}$$

結局，微分方程式(1.42)と代数方程式(1.44)は同じ曲線の族を表わしていることが示された．

(b)
$$\frac{dy}{dx} = 3(y-b)^{2/3} \tag{1.45}$$

$y \neq b$ であれば，両辺を $3(y-b)^{2/3}$ で割り，dx を掛けて，積分を行なう．積分公式(1.9)を用いて，

$$x = \frac{1}{3}\int^y (u-b)^{-2/3}du = (y-b)^{1/3}+a$$

$y=b$ のときには $(y-b)^{2/3}$ で割ることができないので，別に扱うことが必要となる．$y=b$ とおくと(1.45)式の両辺はどちらもゼロで等しい．したがって，$y=b$ は(1.45)式の解である．以上をまとめると，微分方程式(1.45)の解は次の2つの曲線の族からなる(図1-4)．

$$y = (x-a)^3+b \qquad (3\text{次曲線}) \tag{1.46}$$

$$y = b \qquad (\text{直線}) \tag{1.47}$$

つまり，微分方程式(1.45)は，2つの代数方程式(1.46)と(1.47)を合わせたものに等しい．∎

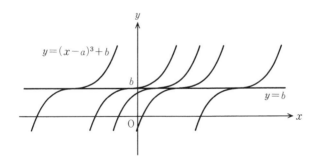

図1-4 (1.45)式の解曲線

[**例3.4**] (例2.5から)

$$\frac{d^2y}{dt^2} = -g \tag{1.48}$$

t について2回積分を行なえば解が求まる．

$$y'(t) = \int^t y''(u)du = -g\int^t du = -gt+v_0$$

$$y(t) = \int^t y'(t)du = \int^t (-gu+v_0)du$$

$$= -\frac{1}{2}gt^2 + v_0 t + y_0 \tag{1.49}$$

v_0 と y_0 は任意定数であり，y' と y の初期値から決まる．

$$v_0 = y'(0), \quad y_0 = y(0)$$

(1.49)式は物体の自由落下を表わす式である． ▎

　[例 3.5]（例 2.6 から）

$$\frac{d^2y}{dt^2} = -\omega^2 y \tag{1.50}$$

三角関数の微分公式(1.7)，$\dfrac{d}{dt}\sin(\omega t+\phi)=\omega\cos(\omega t+\phi)$，$\dfrac{d}{dt}\cos(\omega t+\phi)=-\omega\sin(\omega t+\phi)$，を用いれば，

$$y(t) = A \sin(\omega t + \phi) \tag{1.51}$$

が微分方程式(1.50)の解であることが確かめられる．三角関数は周期関数であり，$\sin(\theta+2\pi)=\sin\theta$．図 1-5 に示すように，解(1.51)は周期が $2\pi/\omega$ の単振動を表わす．その振幅 A と初期位相 ϕ は 2 つの任意定数であり，$y(t)$ と $y'(t)$ の初期値 y_0 と v_0 から連立方程式

$$y_0 = A \sin\phi, \quad v_0 = \omega A \cos\phi$$

を解いて得られる． ▎

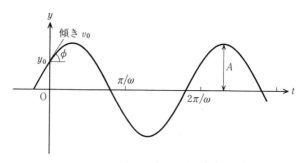

図 1-5　(1.50)式の解曲線

1-4　常微分方程式の基本的な概念

前節でいくつかの例を用いて，微分方程式の作り方と解き方の仕組みを説明してきた．この節では，微分方程式に関する基本的な概念の正確な説明を与える．

常微分方程式とその一般形　1-2節の多くの例のように，現象の時間的変化が問題であるとき，時間 t が**独立変数**となる．例2.7の弦の振動の場合には，t と x と独立変数が2つある．一般的には，独立変数は複数個あってもよい．独立変数の関数を**未知関数**または**従属変数**という．未知関数とその導関数を含む方程式を**微分方程式**という．独立変数が1つであり，1変数の導関数を含む方程式を**常微分方程式**という．これに対して，独立変数が複数個あり，未知関数の偏微分係数を含む方程式を**偏微分方程式**という．1-2節の例では，例2.7の弦の振動の方程式は偏微分方程式であり，他はすべて常微分方程式である．代数方程式と常微分方程式では解き方がまったく異なるのと同様に，常微分方程式と偏微分方程式においても解の求め方が異なる．本書では常微分方程式だけを扱う．

以下では，独立変数を x で表わすことにする．まず未知関数が1つの場合を考えて，$y(x)$ と書く．その導関数を

$$y' = \frac{dy}{dx}, \quad y'' = \frac{d^2 y}{dx^2}, \quad y^{(n)} = \frac{d^n y}{dx^n}$$

で表わす．未知関数が1つの常微分方程式を**単独常微分方程式**という．その一般形は

$$F(x, y, y', \cdots, y^{(n)}) = 0 \tag{1.52}$$

という形をしている．F は $n+2$ 変数の関数である．

未知関数が複数個あるときは，その数を l として，$y_1(x), y_2(x), \cdots, y_l(x)$ で表わす．通常は未知関数と同数の微分方程式が導かれ，**連立微分方程式**となる．その一般形は

$$F_i(x, y_j, y_j', \cdots, y_j^{(n_j)}) = 0 \quad (i = 1, 2, \cdots, l) \tag{1.53}$$

と表わされる．F_i は $\sum_{j=1}^{l} (n_j + 1) + 1$ 個の変数 $x, y_1, y_1', \cdots, y_1^{(n_1)}, \cdots, y_l, y_l', \cdots, y_l^{(n_l)}$

の関数であるが，簡単のため，本書では上のような表わし方を用いる．意味が分かりやすいように，未知関数が2つ（$l=2$）の場合に(1.53)式を書き下してみる．

$$F_1(x, y_1, y_1', \cdots, y_1^{(m)}, y_2, y_2', \cdots, y_2^{(n)}) = 0$$
$$F_2(x, y_1, y_1', \cdots, y_1^{(m)}, y_2, y_2', \cdots, y_2^{(n)}) = 0 \tag{1.54}$$

F_1 と F_2 は $m+n+3$ 変数の関数である．

[例4.1] 1-2節の例では，例2.7以外はすべて常微分方程式で，一般形(1.53)の表わし方では，次のように書ける．

(a)（例2.1から） $y' + \gamma y = 0$

(b)（例2.3から） $y' - \mu(y - y^2) = 0$

(c)（例2.4から） $yy' + x = 0$

(d)（例2.4から） $y' - 3(y - b)^{2/3} = 0$

(e)（例2.4から） $r^2 y''^2 - (1 + y'^2)^3 = 0$

(f)（例2.5から） $y'' + \nu y' + g = 0$

(f') $y' - v = 0, \quad v' + \nu v + g = 0$

(g)（例2.6から） $y'' + \omega^2 y = 0$

(g') $y' - v = 0, \quad v' + \omega^2 y = 0$

(f')と(g')は連立方程式であり，いずれの場合も，未知関数と方程式の数は等しく，$l=2$である． ∎

常微分方程式の型　単独常微分方程式の一般形(1.52)に関して，F に含まれる導関数の最高階数 n を微分方程式の**階数**(order)という．F が y およびその導関数についての多項式であるとき，$y^{(n)}$ の次数 m を微分方程式の**次数**(degree)という．

[例4.2]　例4.1のうち，単独常微分方程式の階数と次数は次のようになる．

(a), (b), (c), (d)　　1階1次

(e)　　2階2次

(f), (g)　　2階1次　∎

単独1階常微分方程式の一般形は

$$F(x, y, y') = 0 \tag{1.55}$$

と書ける. (1.55)式が y' について解けるときには, 陽の形に

$$y' = f(x, y) \tag{1.56}$$

と表わすことができる.

[例4.3] 例4.1の1階微分方程式(a)〜(d)を陽の形(1.56)の形に書くと,

(a) $y' = -\gamma y$ (b) $y' = \mu(y - y^2)$

(c) $y' = -x/y$ (d) $y' = 3(y - b)^{2/3}$ ∎

1次の常微分方程式に関して, F が $y, y', \cdots, y^{(n)}$ のすべてについて1次であれば, 微分方程式は**線形**(linear)であるという. F が yy' のような2次以上の項を含むときは**非線形**(nonlinear)であるという.

[例4.4] 例4.1の(a)〜(g)に関して,

(a), (f), (g)   線形

(b), (c), (d), (e)   非線形

バクテリアの増殖の単純なモデル(a)は線形であるが, 増殖による環境の悪化などの影響を取り入れたロジスティック模型(b)には y^2 の項が含まれるので, 非線形である. ∎

[例4.5] 1階および2階の線形常微分方程式の一般形は, 次の形に表わせる.

$$y' + p(x)y + q(x) = 0$$

$$y'' + p(x)y' + q(x)y + r(x) = 0 \quad ∎$$

連立常微分方程式(1.53)において, どの F_i も1階より高い導関数を含まないときは,

$$F_i(x, y_j, y_j') = 0 \quad (i = 1, 2, \cdots, l) \tag{1.57}$$

という形になり, 1階の連立常微分方程式と呼ばれる.

常微分方程式の正規形   単独常微分方程式(1.52)が, 最高階の導関数 $y^{(n)}$ について解くことができて

$$y^{(n)} = f(x, y, y', \cdots, y^{(n-1)}) \tag{1.58}$$

という形に表わされるとき, この微分方程式は**正規形**(normal form)であるという.

[例4.6] 例4.1において, 単独常微分方程式(a)〜(g)のうち, (e)を除い

た他のすべての微分方程式は正規形である．これに対して(e)は最高階の導関数である y'' について解けた形になっていないので，これを**非正規形**というが，

$$y'' = \pm \frac{1}{r}(1+y'^2)^{3/2}$$

と書き直すと，2つの正規形を合わせたものに等しくなる．▌

1階の連立常微分方程式(1.57)に関して，すべての y'_i について解くことができて

$$y'_i = f_i(x, y_j) \qquad (i=1,2,\cdots,l) \tag{1.59}$$

という形に表わせるとき，この微分方程式は**正規形**であるという．次節で示すように，かなり一般の常微分方程式を1階の正規形に直すことができる．したがって，この形の微分方程式を詳しく調べておくことが特に重要となる．

[例4.7] 例4.1において，1階の連立微分方程式(f′)と(g′)は正規形である．2階の単独微分方程式(f)と(g)が(f′)と(g′)という(1.59)の形に書き表わせた．▌

微分方程式の解　　前節では解とは何かということについて，大体のことは分かっているものとして話を進めた．ここで，微分方程式の解の正確な意味について考察する．

最も簡単な形である1階の単独微分方程式

$$F(x, y, y') = 0 \tag{1.55}$$

を考える．厳密なことに触れなければ，

$$y = \varphi(x) \tag{1.60}$$

が微分方程式(1.55)の解であるとは，(1.60)式を(1.55)式に代入したとき，この式が x について恒等的に成り立つことをいう．

$$F(x, \varphi(x), \varphi'(x)) = 0 \tag{1.61}$$

もう少し正確な考察を行なうためには，F が3変数の関数であることを考慮に入れなければならない．すなわち F は (x, y, y') を座標軸とする3次元の空間 R_3 のある領域 $\varDelta$ 内で定義されているとしよう．この様子を図1-6に示した．ただし簡単化のため，縦軸は y と y' の両方を表わしている．また関数 $y = \varphi(x)$ が x のある区間

$$I: \quad r_1 < r < r_2 \tag{1.62}$$

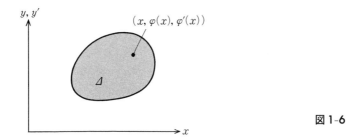

図 1-6

で定義されているとする．このとき F の定義域 $\varDelta$ 内の点 $(x, \varphi(x), \varphi'(x))$ に対して恒等式(1.61)が成り立てば，$y = \varphi(x)$ は微分方程式(1.55)の解であるという．また(1.62)を**解の定義区間**という．

高階の単独微分方程式(1.52)

$$F(x, y, y', \cdots, y^{(n)}) = 0 \qquad (1.52)$$

に対しても，解の定義は同様になされる．$y = \varphi(x)$ が微分方程式(1.52)の解であるとは，$y = \varphi(x)$ を関係式(1.52)に代入したとき，この式が恒等的に成り立つことをいう．F は $n+2$ 変数の関数であり，$(x, y, y', \cdots, y^{(n)})$ を座標軸とする $n+2$ 次元空間 R_{n+2} のある領域 $\varDelta$ の中で定義されている．図 1-7 では，y, $y', \cdots, y^{(n)}$ 軸を1つの軸で代表して表わした．関数 $y = \varphi(x)$ は x のある区間 I で定義されているとする．F の定義域 $\varDelta$ 内の点 $(x, \varphi(x), \varphi'(x), \cdots, \varphi^{(n)})$ に対して恒等式

$$F(x, \varphi(x), \varphi'(x), \cdots, \varphi^{(n)}(x)) = 0 \qquad (1.63)$$

が成り立てばよい．

正規形の1階連立微分方程式

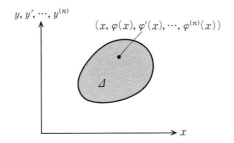

図 1-7

$$y_i' = f_i(x, y_j) \qquad (i = 1, 2, \cdots, l) \tag{1.59}$$

に対しても，解の定義は同様になされる．$y_j = \varphi_j(x)$ が微分方程式(1.59)の解であるとは，$y_j = \varphi_j(x)$ を関係式(1.59)の両辺に代入したとき，この式が恒等的に成り立つことをいう．f_i はどれも $(x, y_1, y_2, \cdots, y_l)$ を座標軸とする $l+1$ 次元空間 R_{l+1} のある領域 $\varDelta$ 内で定義されている(図1-8)．関数 $y_j = \varphi_j(x)$ は x のある区間 I で定義されているとして，f_i の定義領域 $\varGamma$ 内の点 $(x, y_1, \cdots, y_l)$ について恒等式

$$\varphi_i'(x) = f_i(x, \varphi_j(x)) \tag{1.64}$$

が成り立てばよい．

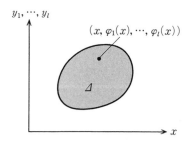

図1-8

[例4.8] 例4.1の1階単独微分方程式(a)〜(d)に対して，前節で求めた解は(1.61)式で定義した意味の解である．その定義区間も含めて解を再掲する．

(a)　$y = \gamma_0 e^{-rx} \qquad (-\infty < x < +\infty)$

(b)　$y = \dfrac{1}{1 + Ae^{-\mu x}} \quad \begin{array}{l} (-\infty < x < +\infty, \ A \geqq 0) \\ (-\infty < x < \frac{1}{\mu}\log(-A) \ と \ \frac{1}{\mu}\log(-A) < x < \infty, \ A < 0) \end{array}$

(c)　$y = \pm\sqrt{r^2 - x^2} \qquad (-r < x < r)$

(d)　$\begin{array}{ll} y = b + (x-a)^3 & (-\infty < x < a \ と \ a < x < +\infty) \\ y = b & (-\infty < x < +\infty) \end{array}$

[例4.9] 例4.1の2階単独微分方程式(f), (g)に対して，前節で求めた解は(1.63)式で定義した意味の解である．

(f)　$y = -Ce^{-\nu x} - \dfrac{g}{\nu}x + B \qquad (-\infty < x < +\infty)$

(g)　$y = A\sin(\omega x + \phi) \qquad (-\infty < x < +\infty)$

解の初期条件　　前節の例で扱ったいろいろな微分方程式の解には，次のような共通した特徴が見られる．解に含まれる任意定数の数は，1階単独の方程式では1つ，2階単独の方程式では2つ，未知関数が2つの1階連立の方程式では2つである．前節の解き方を復習してみれば，任意定数の由来が明らかになる．次の2つの例は前節の例3.1と例2.5から採った．

[**例 4.10**] $y'=-\gamma y$

両辺を y で割った後，両辺を積分して，

$$-\gamma x = \int^y \frac{u'}{u} du = \log|y| + 定数$$

$$y = y_0 e^{-\gamma x}$$

任意定数 y_0 は積分を1回行なったことに由来している．∎

[**例 4.11**] $y'=v, \qquad v'=-\nu v-g$

上の第2式を積分して，

$$v = Ae^{-\nu t} - \frac{g}{\nu}$$

この結果を第1式に代入して積分を行ない，

$$y = -Ce^{-\nu x} - \frac{g}{\nu}x + B$$

2つの任意定数 C, B は積分を2回行なったことに由来する．$x=0$ での y と v の値を与えればこれらの定数が決まる．

$$y(0) = y_0, \qquad v(0) = v_0 ∎$$

　以上の結果は，一般の正規形の1階連立方程式へ拡張できる．l 個の未知関数 $y_i(x)$ に対する方程式系(1.59)の解は l 個の任意定数を含む．たいていの場合，y_i の**初期値**(initial value)

$$y_i(0) = y_{i0} \tag{1.65}$$

が与えられれば，l 個の定数が決まり，解が一意的に決まる．(1.65)式を**初期条件**(initial condition)という．

　次節で述べるように，正規形の n 階単独微分方程式は，n 個の未知関数に対する正規形の1階連立微分方程式に帰着できる．したがって，n 階微分方程

式(1.58)の解は n 個の任意定数を含む．$y, y', \cdots, y^{(n-1)}$ に対する初期値

$$y(0) = y_0, \quad y'(0) = y'_0, \quad \cdots, \quad y^{(n-1)}(0) = y^{(n-1)} \tag{1.66}$$

を与えれば，これらの定数が決まり，解は一意的に決まる．(1.66)式も初期条件という．

　常微分方程式の解は一般に有限個の任意定数を含んでいることを述べたが，このような解を**一般解**(general solution)という．任意定数の値を全て定めると解は1つに決まる．このような解は**特殊解**(particular solution)と呼ばれる．

　ある種の微分方程式では，任意定数にどんな値をとらせても，一般解からは得られないような解が存在する場合がある．このような解を**特異解**(singular solution)という．

　[例4.12]　前節の例3.3で

$$y' = 3(y-b)^{2/3}$$

を解いて2つの解を得た．

$$y = b+(x-a)^3, \quad y = b$$

前者は一般解であり，a が任意定数である．後者の解は前者からは得られず，特異解である．図1-4において，特異解の曲線 $y=b$ はその上のすべての点で一般解の曲線群のどれか1つと接している．すなわち，曲線群の包絡線になっている．このことは2-6節で詳しく述べる．∎

　解の幾何学的な意味　　前節の例3.1で触れたように，微分方程式の解は次のような幾何学的な解釈をすることができる．まず，1階の単独微分方程式

$$y' = f(x, y) \tag{1.67}$$

を考えてみよう．x, y を直交座標とする平面を考えると，この方程式の解 $y = \varphi(x)$ は xy 平面上の1つの曲線を表わす(図1-9)．この曲線を(1.67)の**解曲線**(solution curve)または**積分曲線**(integral curve)という．この曲線上の任意の点 (x_0, y_0) における接線の傾き(勾配ともいう)は $\varphi'(x_0)$ である．$y_0 = \varphi(x_0)$ であるから，

$$\varphi'(x_0) = y'(x_0) = f(x_0, y_0)$$

すなわち，解曲線上のある点 (x_0, y_0) における接線の傾きは $f(x_0, y_0)$ に等しい．

　逆に，xy 平面上に曲線 $y = \varphi(x)$ が与えられたとき，その曲線上の各点 $(x,$

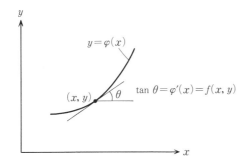

図1-9 解曲線

y）における接線の傾きが $f(x,y)$ に等しいとすると，

$$\varphi'(x) = f(x,y)$$

が成り立つから，$y=\varphi(x)$ は(1.67)の解である．

（1.67）式で，$f(x,y)$ が xy 平面上のある領域 Γ で定義されているときには，Γ の点においてだけ接線の方向が定義できる．したがって，上の考察は Γ 内の点について当てはまる．

上の考察は1階の l 元連立微分方程式

$$y_i' = f_i(x,y_j) \qquad (i=1,2,\cdots,l) \tag{1.68}$$

へ拡張できる．$x, y_1, \cdots, y_l$ を座標とする $l+1$ 次元空間 R_{l+1} を考える．この方程式の解 $y_j = \varphi_j(x)$ は R_{l+1} 内の1つの曲線を表わす．この曲線上の任意の点 $(x_0, y_{10}, \cdots, y_{l0})$ における接線の傾き $\varphi_i'(x_0)$ は $f_i(x_0, y_{j0})$ に等しい．

1-5 解の存在と一意性

代数方程式の研究の歴史において，最初は根の公式を作ることを巡っての競争が起こった．その後興味の中心は一般的な考察へと移り，「n 次方程式は n 個の解をもつ」という基本定理が導かれた．

微分方程式に関しても，どれだけの解が存在するかは基本的な問題である．1-3節で扱った微分方程式の例では，積分が実行できて一般解が求まったので，これらの微分方程式には解が存在し，さらに，その外には解がないことがいえた．しかし，このようにして微分方程式の解が求まるのは，ごく少数のタイプ

に限られている.

　一般の型の微分方程式に関する研究には，2つの側面がある．理論的な面からは，どのような条件の下で解があるのか，そしてその解はただ1つしかないのかどうかを知りたい．他方，応用という面からは，解を求めるための近似法を習得することが重要となる．解を数値的に求めることが必要とされる場合も多い．じつは，解の近似法や数値解法という応用的な面も，解の存在についての厳密な問題と密接に関連している.

　解の存在とその一意性は，適当な条件の下で，かなり一般の微分方程式に対して成り立ち，微分方程式論の基本的な定理になっている．この定理の内容を理解しておくことは，第2章以降でいろいろな微分方程式を解いたり，解の一般的性質を調べる上で役に立つ．しかし，基本定理を証明するためには，厳密でこみいった数学的な考察が必要である．本書では証明の数学的に厳密な面に立ち入ることはさけ，基本定理の内容とその証明の道筋を述べる．本書の末尾にあげた参考書[1]～[4]，[7]，[8]には厳密な証明が与えられている.

1階単独微分方程式　まず1階の単独微分方程式（非線形でもよい）を考察する．陽の形(1.56)の方が扱いやすいので，この形を考える.

$$y' = f(x, y) \tag{1.69}$$

前節で述べたように，$f(x, y)$ は xy 平面上のある領域 Γ で定義されているとする（図1-8）．初期条件は

$$y(x_0) = y_0 \tag{1.70}$$

と置き，点 (x_0, y_0) は Γ 内にあるとする．方程式(1.69)の解に関して，次の定理が成り立つ.

定理1-1　微分方程式(1.69)に関して，関数 f とその偏微分係数 $f_y = \partial f / \partial y$ はどちらも定義域 Γ 内で連続であると仮定する．このとき次の2つのことがいえる.

　1)　Γ 内の任意の点 (x_0, y_0) に対して，初期条件(1.70)を満たす，方程式(1.69)の解 $y = \varphi(x)$ が存在する.

　2)　もし方程式(1.69)の2つの解 $y = \varphi(x)$ と $y = \chi(x)$ が同じ初期条件(1.70)を満たしていれば，この2つの解は一致する.

証明の道筋を述べる. これによって積分方程式と逐次近似法という, 微分方程式論でよく使われる方法に親しみ, 定理が成り立つための条件を明らかにすることができる.

まず, 微分方程式(1.69)を積分方程式に変換する. (1.69)式の両辺を x_0 から x まで積分し, 初期条件(1.70)を課して,

$$y(x) = y_0 + \int_{x_0}^{x} f[u, y(u)]du \tag{1.71}$$

が得られる. 逆に, (1.71)式の両辺を x で微分すると, (1.69)式が得られる. (1.71)式のように未知関数とその積分を含んだ方程式を**積分方程式**(integral equation)という. 結局, 初期条件(1.70)をもつ微分方程式(1.69)と積分方程式(1.71)が同等であることが示された. したがって, 定理 1-1 は上の積分方程式について証明すればよい.

(1.71)のような積分方程式を解く場合は, **逐次近次法**を使うことができる. 定理 1-1 の証明も逐次近似法に基づいて行なわれる. まず逐次近似を説明しよう.

方程式(1.71)は, x のある区間

$$r_1 < x < r_2 \tag{1.72}$$

で定義されているとする. 右辺を第 1 項だけで近似した答が第 0 近似で,

$$\varphi_0(x) = y_0 \tag{1.73}$$

次に, 第 0 近似の答(1.73)を方程式(1.71)の第 2 項に代入して, 第 1 近似の答が得られる.

$$\varphi_1(x) = y_0 + \int_{x_0}^{x} f[u, \varphi_0(u)]du \tag{1.74}$$

同じ手続きを繰り返すことにより, 第 n 近似の答を得ることができる.

$$\varphi_n(x) = y_0 + \int_{x_0}^{x} f[u, \varphi_{n-1}(u)]du \tag{1.75}$$

このようにして, x の区間(1.72)で定義された関数列が求められる.

$$\varphi_0(x), \ \varphi_1(x), \ \cdots, \ \varphi_n(x), \ \cdots \tag{1.76}$$

無限数列(1.76)の $n \to \infty$ の極限を考える.

$$\lim_{n\to\infty} \varphi_n(x) = \varphi(x) \tag{1.77}$$

(1.75)式の両辺で $n\to\infty$ の極限をとる．(1.77)式と

$$\lim_{n\to\infty} f[u, \varphi_{n-1}(u)] = f[u, \varphi(u)] \tag{1.78}$$

に注意すれば，$y=\varphi(x)$ が積分方程式(1.71)式を満たすことが分かる．つまり，積分方程式(1.71)には解が存在することがいえた．

しかし，以上の考察は厳密さを欠いている．証明として意味をもつためには，次のような点を確かめる必要がある．

i) 無限数列(1.76)の各項に対して，点 $(x, \varphi_{n-1}(x))$ が $f(x, y)$ の定義域 Γ に含まれていること．

ii) 無限数列の収束(1.77)が一様収束であること．

iii) (1.75)式で $n\to\infty$ の極限をとるときに，$n\to\infty$ の極限と u についての積分の順番を入れ換えてもよいこと．

定理1-1では，関数 f と偏微分係数 f_y が定義域 Γ 内で連続であると仮定した．この仮定から，Γ 内の長方形

$$|x-x_0| \leqq a, \qquad |y-y_0| \leqq b \tag{1.79}$$

が存在して，その内で f と f_y が有界，すなわち，ある正の数 M と K に対して，

$$|f(x, y)| \leqq M \tag{1.80}$$

$$|f_y(x, y)| \leqq K \tag{1.81}$$

が成り立つことがいえる．この2つの条件を使うと，上の i)～iii)が正しいことを示すことができる．結局，(1.80)と(1.81)の条件の下で，定理1-1の前半，解の存在，が示される．

まだ定理1-1の後半，解の一意性，の証明が残っている．上と同じような手法を用いて，条件(1.81)の下で，積分方程式(1.71)の解はただ1つであることがいえる．定理1-1が成り立つための十分条件の1つである(1.81)はリプシッツ(Lipschitz)の条件として知られている．

[例5.1] 前節の例4.1の(a)～(d)は1階単独微分方程式であるから，定理1-1を適用することができる．正規形(1.69)の形に書いたとき，f と微分係数

f_y は

(a) $f = -\gamma y, \quad f_y = -\gamma$

(b) $f = \mu(y - y^2), \quad f_y = \mu(1 - 2y)$

(c) $f = -\dfrac{x}{y}, \quad f_y = \dfrac{x}{y^2}$

(d) $f = 3(y - b)^{2/3}, \quad f_y = 2(y - b)^{-1/3}$

と計算される. (a), (b)では, xy 平面の任意の点に対して2つの条件(1.80)と(1.81)が成り立つ. したがって, xy 平面の全領域で解の存在と一意性が保証される. (c), (d)では, それぞれ $y = 0$ と $y = b$ で f_y が無限大になってしまい, リプシッツの条件(1.81)が成り立たない. したがって, これらの点では, 解の存在と一意性が保証されない. 実際, (d)については, 例3.3と例4.12で, 一般解(1.46)が $y = b$ で意味をもたないことに触れた. ▌

1階連立微分方程式　　単独1階微分方程式(1.69)の解に関する基本定理は, もっと一般の微分方程式系へ拡張できる. 次の項で示すように, かなり一般の微分方程式が正規形の1階連立微分方程式系(1.59)に帰着できる. したがって, この形の微分方程式を考えておけば十分である. 未知関数の数と方程式の数が等しい場合を考え, その数を l とする.

$$y_i' = f_i(x, y_j) \qquad (i = 1, 2, \cdots, l) \tag{1.82}$$

$x, y_1, y_2, \cdots, y_l$ を座標軸とする $l + 1$ 次元空間を R_{l+1} とする. 前節で述べた通り, $l + 1$ 変数の関数 f_i は R_{l+1} のある領域 Γ 内で定義されているとする(図1-8). さらに, f_i の y_j についての偏微分係数 $\partial f_i/\partial y_j$ も同じ領域 Γ 内で定義されているとする. 初期条件を

$$y_i(x_0) = y_{i0} \tag{1.83}$$

とおき, 点 $(x_0, y_{10}, y_{20}, \cdots, y_{l0})$ は Γ 内にあるとする. 連立微分方程式(1.82)の解について, 次の定理が成り立つ.

定理1-2　微分方程式(1.82)に関して, 関数 f_i とその偏微分係数 $\partial f_i/\partial y_j$ がすべて定義域 Γ 内で連続であると仮定する. このとき次の2つのことがいえる.

1) Γ 内の任意の点 $(x_0, y_{10}, y_{20}, \cdots, y_{l0})$ に対して, 初期条件(1.83)を満

たす方程式(1.82)の解 $y_i = \varphi_i(x)$ が存在する.

　2)　もし方程式(1.82)の2つの解 $y_i = \varphi_i(x)$ と $y_i = \chi_i(x)$ が同じ初期条件(1.83)を満たしていれば，この2つの解は一致している.

　定理1-1の証明(の道筋)と同じ手法を用いて，定理1-2が証明できる．こんどは，連立微分方程式(1.82)が連立積分方程式に変換される.

$$y_i = y_{i0} + \int_{x_0}^{x} f_i[u, y_j(u)]du \qquad (1.84)$$

くわしい議論は省くが，上式も逐次近似法を用いて解くことができる．定理1-2の仮定により，Γ 内の($l+1$次元)直方体

$$|x - x_0| \leqq a, \qquad |y_i - y_{i0}| \leqq b \qquad (i=1, 2, \cdots, l) \qquad (1.85)$$

が存在して，その中で f_i と $\partial f_i / \partial y_k$ が有界である．すなわちある正の数 M と K に対して，

$$|f_i(x, y_j)| \leqq M \qquad (1.86)$$

$$|\partial f_i(x, y_j)/\partial y_k| \leqq K \qquad (1.87)$$

が成り立つ．この2つの条件の下で，連立積分方程式(1.84)に解が存在すること，定理1-2の前半，がいえる．さらに，条件(1.87)が成り立つときには，方程式(1.84)の解はただ1つであること，定理1-2の後半，がいえる.

　[例5.2]　前節の例4.1の(f′)と(g′)は1階連立微分方程式であり，定理1-2が適用される．y, v を y_1, y_2 と書くことにして，

$$y_1' = f_1(x, y_1, y_2), \qquad y_2' = f_2(x, y_1, y_2)$$

　(f′)　$f_1 = y_2, \qquad f_2 = -\nu y_2 - g$

　(g′)　$f_1 = y_2, \qquad f_2 = -\omega^2 y_1$

x, y_1, y_2 を座標軸とする3次元空間を R_3 とする．f_i の偏微分係数 $\partial f_i / \partial y_k$ は簡単に計算できて，

　(f′)　$\dfrac{\partial f_1}{\partial y_1} = 0, \qquad \dfrac{\partial f_1}{\partial y_2} = 1$

$\qquad \dfrac{\partial f_2}{\partial y_1} = 0, \qquad \dfrac{\partial f_2}{\partial y_2} = -\nu$

（g′）　$\dfrac{\partial f_1}{\partial y_1} = 0,$　　$\dfrac{\partial f_1}{\partial y_2} = 1$

$\dfrac{\partial f_2}{\partial y_1} = -\omega^2,$　　$\dfrac{\partial f_2}{\partial y_2} = 0$

どちらの場合も，条件(1.86)と(1.87)が満たされている．したがって，R_3 の全領域で定理 1-2 が成り立つ．■

　　一般の微分方程式を1階連立微分方程式に帰着させること　　前項で正規形の1階連立微分方程式(1.82)に対しても，解の存在と一意性の定理が証明できることを述べた．一般の微分方程式についても，(1.82)の形に変換できれば，解に関する基本定理を述べることができる．

　　まず，高階の単独微分方程式から始める．

$$F(x, y, y', \cdots, y^{(n)}) = 0 \tag{1.88}$$

正規形の方が取扱いが容易であるから，この形を考える．

$$y^{(n)} = f(x, y, \cdots, y^{(n-1)}) \tag{1.89}$$

$x, y, \cdots, y^{(n-1)}$ を座標軸とする $n+1$ 次元空間を R_{n+1} と書く．関数 f は空間 R_{n+1} のある領域 Γ 内で定義されている．さらに，偏微分係数 $\partial f/\partial y, \cdots, \partial f/\partial y^{(n-1)}$ も Γ 内で定義されているとする．初期条件は

$$y(x_0) = y_0, \ y'(x_0) = y_0', \ \cdots, \ y^{(n-1)}(x_0) = y_0^{(n-1)} \tag{1.90}$$

とおき，点 $(x_0, y_0, \cdots, y_0^{(n-1)})$ は Γ 内にあるとする．

　　次の式により，n 個の関数 $z_i(x)$ を導入する．

$$z_1(x) = y(x), \ z_2(x) = y'(x), \ \cdots, \ z_n(x) = y^{(n-1)}(x) \tag{1.91}$$

この式の両辺を微分して，

$$z_1' = y', \ z_2' = y'', \ \cdots, \ z_n' = y^{(n)} \tag{1.92}$$

が得られる．最初の $n-1$ 式の右辺に(1.91)式の右辺を代入し，最後の式の右辺で方程式(1.89)を使うと，

$$\begin{aligned} z_1' = z_2, \ z_2' = z_3, \ \cdots, \ z_{n-1}' = z_n \\ z_n' = f(x, z_1, \cdots, z_n) \end{aligned} \tag{1.93}$$

となる．いま，関数 $f_i(z, z_j)$ を

$$f_1(x, z_j) = z_2, \quad \cdots, \quad f_{n-1}(x, z_j) = z_n$$
$$f_n(x, z_j) = f(x, z_1, \cdots, z_n) \tag{1.94}$$

で定義すれば，(1.93)式は

$$z_i' = f_i(x, z_j) \qquad (i = 1, 2, \cdots, l) \tag{1.95}$$

という形に書ける．初期条件(1.90)は

$$z_1(x_0) = z_{10}, \quad \cdots, \quad z_n(x_0) = z_{n0} \tag{1.96}$$

と表わせる．結局，正規形の高階単独微分方程式(1.89)が正規形の1階連立微分方程式(1.95)に変換できた．

[例5.3] 前節の例4.1で，(f)と(g)は正規形の2階の微分方程式であり，それぞれ，1階の連立微分方程式(f')，(g')と同等である．

(f) $y'' = -\nu y' - g$ (f') $y' = v, \quad v' = -\nu v - g$

(g) $y'' = -\omega^2 y$ (g') $y' = v, \quad v' = -\omega^2 y$ ■

高階の微分方程式を1階の連立微分方程式へ帰着させる問題は，未知関数が複数個ある場合へ拡張できる．議論のポイントが分かりやすいように，未知関数が2つの場合(1.54)を考える．

$$F(x, y, y', \cdots, y^{(m)}, z, z', \cdots, z^{(n)}) = 0$$
$$G(x, y, y', \cdots, y^{(m)}, z, z', \cdots, z^{(n)}) = 0$$

この2つの式が最高階数の導関数 $y^{(m)}, z^{(n)}$ について解けている場合を扱う．

$$y^{(m)} = f(x, y, \cdots, y^{(m-1)}, z, \cdots, z^{(n-1)})$$
$$z^{(n)} = g(x, y, \cdots, y^{(m-1)}, z, \cdots, z^{(n-1)}) \tag{1.97}$$

$m + n$ 個の未知関数 $u_i(x)$ を次の式で導入する．

$$u_1(x) = y(x), \quad \cdots, \quad u_m(x) = y^{(m-1)}(x)$$
$$u_{m+1}(x) = z(x), \quad \cdots, \quad u_{m+n}(x) = z^{(n-1)}(x) \tag{1.98}$$

この式の両辺を x で微分すると，

$$u_1' = y', \quad u_2' = y'', \quad \cdots, \quad u_{m-1}' = y^{(m-1)}, \quad u_m' = y^{(m)}$$
$$u_{m+1}' = z', \quad u_{m+2}' = z'', \quad \cdots, \quad u_{m+n-1}' = z^{(n-1)}, \quad u_{m+n}' = z^{(n)} \tag{1.99}$$

(1.98)式と方程式(1.97)を使うと，(1.99)式は

$$u_1' = u_2, \quad \cdots, \quad u_{m-1}' = u_m, \quad u_m' = f(x, u_1, \cdots, u_{m+n})$$
$$u_{m+1}' = u_{m+2}, \quad \cdots, \quad u_{m+n-1}' = u_{m+n}, \quad u_{m+n}' = g(x, u_1, \cdots, u_{m+n}) \tag{1.100}$$

となる．未知関数が2つの m, n 階の微分方程式(1.97)を未知関数が $m+n$ 個の1階の連立微分方程式(1.100)に変換できた．

一般の微分方程式を1階の連立方程式に帰着させることができたから，後者の解の存在に関する定理1-2を一般の微分方程式の解に関する定理に翻訳することができる．高階の単独微分方程式に対しては，定理は次のようになる．

n 階の正規形微分方程式(1.89)

$$y^{(n)} = f(x, y, y', \cdots, y^{(n-1)}) \tag{1.89}$$

を n 個の初期条件

$$y(x_0) = y_0, \ y'(x_0) = y_0', \ \cdots, \ y^{(n-1)}(x_0) = y_0^{(n-1)} \tag{1.90}$$

の下で考える．関数 f は $x, y, \cdots, y^{(n-1)}$ を座標軸とする $n+1$ 次元空間 R_{n+1} のある領域 Γ 内で定義されているとする．

定理 1-3 微分方程式(1.89)に関して，関数 f とその偏微分係数 $\partial f/\partial y^{(j)}$（$j = 1, 2, \cdots, n-1$）がすべて定義域 Γ 内で連続であるとする．このとき，次の2つのことが成り立つ．

1）Γ 内の任意の点 $(x_0, y_0, \cdots, y^{(n-1)})$ に対して，初期条件(1.90)を満たす(1.89)の解 $y = \varphi(x)$ が存在する．

2）もし(1.89)の2つの解 $y = \varphi(x)$ と $y = \chi(x)$ が同じ初期条件(1.90)を満たしていれば，この2つの解は一致する．

解の初期値およびパラメターへの依存性　1-2節，1-3節で取り上げた微分方程式の多くは，変数 x の他に**パラメター**（助変数または径数ともいう）を含んでいる．

[例5.4]　ロジスティック方程式（例3.2から）

$$y' = \mu(1-y)y \tag{1.101}$$

この微分方程式では μ がパラメターである．その解は初期値のデータ x_0, y_0 の他にパラメター μ の値にもよる．実際，解は

$$y = \frac{y_0}{y_0 + (1-y_0)e^{-\mu(x-x_0)}} \equiv \varphi(x, x_0, y_0, \mu) \tag{1.102}$$

であった．この関数 φ は x_0, y_0, μ について連続であり，さらにそれらの偏微分係数 $\partial\varphi/\partial x_0, \partial\varphi/\partial y_0, \partial\varphi/\partial\mu$ も存在しかつ連続である．∎

応用上は，微分方程式を解いたときに状態の変化を予測することができるためには，方程式のパラメーターの値がすこし変わったときに解の振舞いがどの程度影響を受けるかが分かっていなくてはならない．解の初期値およびパラメーター依存性についての定理が導かれている．その内容を証明なしに述べる．(本書の末尾にあげた参考書[1]($\S$23, $\S$24)にそのていねいな説明がある.)

単独1階微分方程式(1.69)がパラメーターを1つ含むとして，次のように書く．

$$y' = f(x, y, \lambda) \qquad (1.103)$$

解の初期値およびパラメーター λ への依存性を明示して，

$$y = \varphi(x, x_0, y_0, \lambda) \qquad (1.104)$$

と書く．(x, y, λ) を座標軸とする3次元空間を R_3 とする．

定理 1-4 関数 $f(x, y, \lambda)$ が R_3 のある領域 $\varDelta$ で，各変数について m 階偏微分係数まで存在して，それらが連続関数であるとする．このとき，初期値問題(1.103), (1.70)の解(1.104)は x, x_0, y_0, λ について m 階偏微分係数が存在し，それらは連続である．

この定理は，微分方程式がその変数とパラメーターについて滑らかであるときには，その解も同じ程度に滑らかであることを意味している．微分方程式の実際の応用では，測定誤差などのため，系の環境(初期値やパラメーター)はある程度の精度でしか決められない．定理 1-4 により，適当な精度の範囲で解の振舞いが予測できる根拠が与えられる．

第1章 演習問題

[1] 次の xy 平面上の曲線を表わす微分方程式を書け．
 (1) 放物線 $y = a(x-b)^2 + c$
 (2) 双曲線 $y^2 - x^2 = c$

[2] バネによって振動する質点が正弦的な外力 $F(t) = f\sin(\Omega t)$ を受けるときのバネによる質点の運動を表わす微分方程式をかけ．ただし，質点の質量を m，バネの弾性定数を k とする．

[3] 抵抗 R，容量 C，起電力 $E(t)$ からなる直列回路を考える．回路を流れる電流を $I(t)$，コンデンサーに誘起される電荷を $Q(t)$，その両端の電圧を $V(t)$ とすると，

$$RI(t) + V(t) = E(t)$$
$$C\dot{V}(t) = \dot{Q}(t) = I(t)$$

という関係が成り立つ．2つの式から $V(t)$ に対する微分方程式を導け．

[4] β 線（電子線）や α 線（α 粒子線）などの放射線が物質中を通過するとき，物質に吸収されて，粒子線が進む距離 x が大きくなるにつれて粒子の数 N は減少していく．距離 Δx の間での粒子数の変化 ΔN は N 自身と Δx に比例し，

$$\Delta N = -\mu N \Delta x$$

という関係が成り立つ．粒子数 $N(x)$ が満たす微分方程式を作れ．どれだけの距離（平均自由行程という）を進むと，粒子数は 1/2 になるか．

[5] 例 3.1～例 3.3 で求めた微分方程式の解について，それらを微分方程式に代入することにより，解であることを直接確かめよ．

 (1) $N' = -\gamma N$

$N(t) = N_0 e^{-\gamma t}$

 (2) $n' = \mu(1-n)n$

$n(t) = (1 + Ae^{-\mu t})^{-1}$

 (3a) $yy' + x = 0$

$y(x) = \pm\sqrt{r^2 - x^2}$

 (3b) $y' = 3(y-b)^{2/3}$

$y(x) = (x-a)^3 + b, \qquad y = b$

2 1階微分方程式の初等的解法

ニュートンとライプニッツ，2人の偉大な科学者によって微分法と積分法が発見されたのは17世紀後半である．ほぼ同時期に微分方程式の研究が始まったが，最初のうちは，方程式の変形，変数変換，不定積分を何回か組み合わせて微分方程式を解く方法（**求積法**）の開発に力が注がれた．簡単に解ける微分方程式は少数のタイプに限られるが，そこで使われる手法は基本的なものであり，もっと複雑な微分方程式を解くさいにはそれを拡張したものが用いられる．

読者が物理学や工学で出会う方程式のタイプはそう多くない．これは，多様な自然現象も数少ない基本的な物理または化学の法則に支配されていることと関連している．生物現象や社会現象にも同じようなことがあてはまる．

この章で取り上げる初等的な方程式は，微分法と積分法の初歩を知っていれば解くことができる．一見複雑に見える方程式でも，変数変換により，よく知られた形の方程式に変換できることがある．読者は，そこで使われる共通した手法や考え方を学んで欲しい．

2-1 変数分離形

微分方程式が

$$\frac{dy}{dx} = f(x)g(y) \tag{2.1}$$

という形をしているとき，この方程式は**変数分離形**(separation of variables)と呼ばれる．この章で扱う初等的な微分方程式の中でも，最も基本的なものである．

次の3つの例は1-2節からの引用で，どれも変数分離形である．

[例1.1] $y' = -\gamma y$ （放射性物質の崩壊過程．第1章例2.1） ∎

[例1.2] $y' = \mu(1-y)y$ （ロジスティック方程式．第1章例2.3） ∎

[例1.3] $y' = -\dfrac{x}{y}$ （円の方程式．第1章例2.4） ∎

(2.1)式で積 $f(x)g(y)$ への分け方は1通りには決まらない．$f(x)$ と $g(y)$ の代りに，$cf(x)$ と $g(y)/c$ を用いてもよい．ここで，c は任意定数である．

(2.1)の形の方程式は次の手順で簡単に解くことができる．まず，両辺を $g(y)$ で割って，

$$\frac{1}{g(y)} \frac{dy}{dx} = f(x) \tag{2.2}$$

と書く．$g(y) = g[y(x)]$ と $y'(x)$ はともに x の関数であり，両辺とも x で積分できる．左辺は置換積分の公式を用いて，

$$\int \frac{1}{g(y)} \frac{dy}{dx} dx = \int \frac{1}{g(y)} dy$$

となるから，

$$\int \frac{1}{g(y)} dy = \int f(x)dx + C \tag{2.3}$$

が得られる．C は積分定数に由来する任意定数である．両辺の積分とも初等関数で表わせる場合には，y が x の関数として陽の形に求まる．そうでない場合でも，(2.3)式の段階で，**微分方程式が解けた**という．

(2.3)式は1つの任意定数を含み，(2.1)式の一般解である．一般解が求まった段階で，その他に解を見落していないかどうかを確める習慣をつけて欲しい．いまの場合，$g(y) = 0$ が根 y_0 をもつときには

$$y = y_0 \tag{2.4}$$

も(2.1)式の解である．この式を(2.1)式の両辺に代入すると両辺ともゼロとなり，(2.1)式が成り立つからである．

例題 2-1　$y' = -\gamma y$ を解け．

[解]　(2.1)式で，$f(x) = -\gamma$, $g(y) = y$ とおくと，解(2.3)は

$$\int \frac{1}{y} dy = -\gamma \int dx + C$$

となる．積分公式 $\int \frac{1}{y} dy = \log|y|$ を用いて，

$$\log|y| = -\gamma x + C$$

が得られる．両辺の指数関数をとり，$A = \pm e^C$ とおけば，一般解

$$y = Ae^{-\gamma x} \tag{2.5}$$

が求まる．この解の振舞いは 1-3 節の例 3-1 で吟味した．

$g(y) = 0$ の根は 0 だけで，(2.4)の意味の定数解は

$$y = 0$$

である．この解は一般解(2.5)で $A = 0\,(C = -\infty)$ とおいた特殊解である．▮

例題 2-2　$y' = \dfrac{y}{x}$ を解け．

[解]　両辺を積分すると，

$$\int \frac{1}{y} dy = \int \frac{1}{x} dx + C$$

積分を実行し，$A = \pm e^C$ とおけば，一般解として

$$y = Ax \tag{2.6}$$

が得られる．$g(y) \equiv y = 0$ の根 0 に対応して，定数解 $y = 0$ がある．▮

例題 2-3　$y' = \dfrac{y(1-y)}{x}$ を解け．

[解]　(2.1)式で，$f(x) = 1/x$, $g(y) = y(1-y)$ とおくと，解(2.3)は

$$\int \frac{1}{y(1-y)} dy = \int \frac{1}{x} dx + C$$

となる．左辺の積分は

$$\int \Big(\frac{1}{y} + \frac{1}{1-y} \Big) dy = \log \Big| \frac{y}{1-y} \Big|$$

となるから，解は

$$\log |y| - \log |1-y| = \log |x| + C$$

両辺の指数関数をとり，$A = \pm e^C$ とおいて，一般解

$$\frac{y}{y-1} = Ax \tag{2.7}$$

が得られる．あるいは，y について解いて，

$$y = \frac{Ax}{Ax-1} = 1 + \frac{1}{Ax-1} \tag{2.8}$$

$A > 0$ の場合の解曲線を図 2-1 に示した．

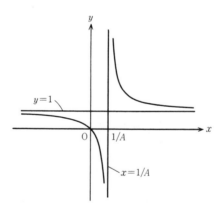

図 2-1　解曲線 $y = 1 + \dfrac{1}{Ax-1}$ $(A > 0)$

$g(y) \equiv y(1-y) = 0$ の根は 0 と 1 で，それらに対応して 2 つの定数解

$$y = 0, \quad y = 1$$

がある．これらの解は，一般解(2.8)で $A = 0$ および $A = \pm \infty$ とおいた特殊解

である。解曲線は図 2-1 で漸近線 $x=1/A$ が $x=+\infty$（または $x=-\infty$）および $x=0$ に近づいたものに対応する。∎

変数分離形の微分方程式が解けるのは、(2.3)式のように、x についての積分と y についての積分という、1 変数の積分に帰着できたからである。より複雑な微分方程式の場合でも、うまい変数変換を探すなど、いろいろな工夫を行なって変数分離形へもって行けるかどうかが、その方程式が解けるかどうかの決め手となる。

2-2 同次形

微分方程式が、適当な関数 $h(u)$ を用いて

$$\frac{dy}{dx} = h\left(\frac{y}{x}\right) \tag{2.9}$$

という形に書けるとき、この方程式を**同次形**（homogeneous type）という。

次の 3 つの例は同次形である。

[例 2.1] $y' = \dfrac{x}{y}$

(2.9)式で、$u=y/x$, $h(u)=1/u$ とおけばよい。この方程式は変数分離形でもある。すなわち(2.1)式で、$f(x)=x$, $g(y)=1/y$ とおいたものである。∎

[例 2.2] $y' = \dfrac{x^2+y^2}{2xy}$

右辺は $(1+y^2/x^2)/2(y/x)$ と書き直せるから、$h(u)=(1+u^2)/2u$ と選べばよい。∎

[例 2.3] $y' = \dfrac{P_n(x,y)}{Q_n(x,y)}$

ここで、$P_n(x,y)$ と $Q_n(x,y)$ はどちらも x と y について同次多項式で、同じ次数 n をもつとする。x と y の同次多項式とは、x と y の多項式で、各項の次数がすべて等しいものをいう。$P_n(x,y)$ は

$$P_n(x,y) = p_0 x^n + p_1 x^{n-1} y + \cdots + p_n y^n$$
$$= x^n\left[p_0 + p_1\frac{y}{x} + \cdots + p_n\left(\frac{y}{x}\right)^n\right]$$

と表わされ、$Q_n(x,y)$ も同様に表わされる。ただし、係数 p_i の代りに q_i を用

いる. $y=ux$ とおけば,

$$\frac{P_n(x,y)}{Q_n(x,y)} = \frac{p_0+p_1u+\cdots+p_nu^n}{q_0+q_1u+\cdots+q_nu^n} = h(u)$$

となり, 元の微分方程式は(2.9)の形になる. この例から, (2.9)の形の微分方程式が同次形と呼ばれることもうなずける. ▮

　同次形の微分方程式(2.9)は, 変数変換をして変数分離形に帰着させることによって解くことができる. そのために

$$y = ux$$

とおく. 積の微分の公式から

$$y' = (ux)' = u'x+u$$

(2.9)式は

$$u' = \frac{h(u)-u}{x} \tag{2.10}$$

となり, 変数分離形である. 前節の手法が使えて, 解は(2.3)式で与えられる. x についての積分を実行し,

$$\int \frac{1}{h(u)-u}du = \int \frac{1}{x}dx+C = \log|x|+C \tag{2.11}$$

が得られる. $A=\pm e^C$ とおいて, (2.9)式の一般解が次の形に求まる.

$$x = A\exp\left[F\left(\frac{y}{x}\right)\right] \tag{2.12}$$

$$F(u) = \int \frac{1}{h(u)-u}du \tag{2.13}$$

　(2.10)式は変数分離形であり, $h(u)-u=0$ が根 u_0 をもつと, 定数解 $u=u_0$ がある. これに対応して, (2.9)式には解

$$y = u_0x$$

が存在する.

　$h(u)\equiv u$ の場合には, (2.11)式の左辺が意味をもたないので, 上とは別の取扱いが必要である. この場合, (2.9)の方程式は

$$y' = \frac{y}{x} \tag{2.14}$$

となり，変数分離形である．この方程式は前節の例題 2-2 で解いた．

例題 2-4　$y' = \dfrac{x}{y}$ を解け．

［解］　この方程式は(2.9)で $h(u)=1/u$ とおいたものである．その解(2.11)
は

$$\int \frac{1}{1/u - u} du = \log|x| + C$$

左辺は

$$\int \frac{u}{1-u^2} du = \frac{1}{2} \int \left(\frac{1}{1-u} - \frac{1}{1+u} \right) du = -\frac{1}{2} \log|(1-u)(1+u)|$$

となるから，

$$\log|1-u^2| = -2\log|x| - 2C$$

が得られる．$r^2 = e^{-2C}$ とおいて，

$$1 - u^2 = \pm \frac{r^2}{x^2}$$

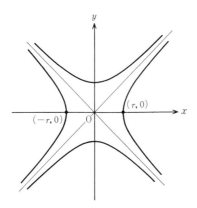

図 2-2　解曲線 $y^2 - x^2 = \mp r^2$

$u=y/x$ を代入して，一般解

$$y^2-x^2 = \mp r^2 \tag{2.15}$$

が得られる．この解曲線は $y=\pm x$ を漸近線とし，$(0,\pm r)$ または $(\pm r,0)$ を頂点とする2組の双曲線である（図2-2）．漸近線 $y=\pm x$ も1つの特殊解であり，$C=\infty$ に対応する．∎

　この例は変数分離形でもあるから，前節の方法を用いるともっと簡単に解を求めることができる．すなわち，(2.3)式の解は

$$\int ydy = \int xdx + C$$

となり，$C=\mp\dfrac{1}{2}r^2$ とおくと，上で求めた一般解(2.15)が得られる．

例題 2-5　$y'=\dfrac{x^2+y^2}{2xy}$ を解け．

　[解]　$y=ux$ とおいて，

$$h(u) = \frac{x^2+y^2}{2xy} = \frac{1}{2}\Big(\frac{x}{y}+\frac{y}{x}\Big) = \frac{1}{2}\Big(\frac{1}{u}+u\Big)$$

したがって，u に関する微分方程式(2.10)は

$$u' = \frac{1}{2}\frac{1}{x}\Big(\frac{1}{u}-u\Big) = \frac{1}{2}\frac{1}{x}\frac{1-u^2}{u}$$

その解は(2.11)式により，

$$\log|x|+C = 2\int\frac{u}{1-u^2}du = \int\Big(\frac{1}{1-u}-\frac{1}{1+u}\Big)du$$
$$= -\log|(1-u)(1+u)| = -\log|u^2-1|$$

これを整理し，$2A=\pm e^{-C}$ とおいて，

$$2\frac{A}{x} = u^2-1 = \frac{y^2}{x^2}-1$$

両辺に x^2 を掛け，もういちど整理すれば，一般解

$$(x+A)^2-y^2 = A^2 \tag{2.16}$$

が得られる．この解曲線は $y=\pm(x+A)$ を漸近線とし，$(0,0)$ と $(-2A,0)$

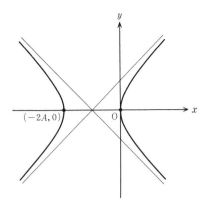

図 2-3 解曲線 $(x+A)^2-y^2=A^2$

を頂点とする双曲線である（図 2-3）.

$h(u)-u\equiv(1-u^2)/2=0$ の根 $u=\pm1$ に対応する解 $y=\pm x$ は, 一般解 (2.16)で $A=0$ とおいた特殊解になっている. ∎

相似変換　一般解(2.16)には次のような著しい特徴がある. パラメーターの値が A に対応する解曲線(2.16)を C_A で表わす. いま, C_A 上の点 (x,y) の座標をどれも λ 倍した点の座標を (X,Y) とする（図2-4）.

$$X=\lambda x,\quad Y=\lambda y\quad(\lambda\text{は実数})\tag{2.17}$$

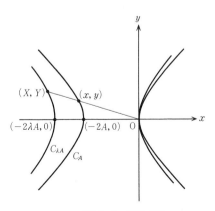

図 2-4 相似変換

(X, Y) は

$$(X + \lambda A)^2 - Y^2 = \lambda^2 A^2$$

を満たすから，パラメターの値が λA に対応する解曲線 $C_{\lambda A}$ 上の点である．すなわち，変換 (2.17) により，(2.16) の 1 つの解曲線 C_A がもう 1 つの解曲線 $C_{\lambda A}$ へと移る．座標変換 (2.17) は，ある図形をそれに相似な図形へと移すので，**相似変換**とよばれる．

上の考察は一般の同次形方程式にもあてはまる．(2.12) 式で見たように，その解曲線 C_A は

$$x = A\varphi\left(\frac{y}{x}\right) \tag{2.18}$$

という形をしている．相似変換 (2.17) により，この解曲線は

$$X = \lambda A\varphi\left(\frac{Y}{X}\right)$$

で表わされる別の解曲線 $C_{\lambda A}$ へと移る．逆にどの 2 つの解曲線 C_A と C_B も相似変換 (2.17) で結ばれている．ここで $\lambda = B/A$ である．

次の形の方程式を考える．

$$y' = h\left(\frac{ax + by + c}{Ax + By + C}\right) \tag{2.19}$$

$c = C = 0$ であれば，括弧の中の引数は

$$\frac{ax + by}{Ax + By} = \frac{a + by/x}{A + By/x}$$

となり，(2.19) 式は同次形である．そうでない場合でも，変数変換を工夫して，同次形に帰着できる．そのために，新しい変数 s, t を

$$s = x + \alpha, \quad t = y + \beta \tag{2.20}$$

とおく．(2.19) 式で，括弧の中の分子と分母は

$$ax + by + c = as + bt - (a\alpha + b\beta - c)$$

$$Ax + By + C = As + Bt - (A\alpha + B\beta - C)$$

となる．それぞれの式の定数項が消えるように α と β を選べばよい．$D \equiv aB - bA \neq 0$ であればこれが可能で，$\alpha = (cB - bC)/D$，$\beta = (aC - cA)/D$ である．

$dt/ds=dy/dx$ であるから，$v=t/s$ とおくと，(2.19)式は同次形

$$\frac{dt}{ds} = h\left(\frac{a+bv}{A+Bv}\right) \tag{2.21}$$

に帰着できる．

$D=0$ の場合は，上とは別に扱うことが必要である．このときには，適当な数 γ をとると

$$ax+by = \gamma(Ax+By)$$

が成り立つので，改めて

$$u = Ax+By \tag{2.22}$$

とおくのがよい．(2.19)式は

$$u' = A+Bh\left(\frac{\gamma u+c}{u+C}\right) \tag{2.23}$$

となり，変数分離形に帰着できた．

2-3 1階線形

y' と y について 1 次の微分方程式

$$y'+p(x)y = q(x) \tag{2.24}$$

を **1 階線形微分方程式**という．特に，$q(x)\equiv0$ のとき，すなわち，

$$y'+p(x)y = 0 \tag{2.25}$$

を**斉次**（homogeneous）**方程式**とよぶ．これに対して，(2.24)式を**非斉次**（inhomogeneous）**方程式**という．斉次とは y' と y の多項式として斉次という意味で，**同次**という語を用いることもある．

次の 3 つの例は非斉次な 1 階線形である．

[例 3.1] $\dot{v}+\nu v=-g$（1-2 節の例 2.5 空気の抵抗を受ける落下運動）．$p(t)=\nu$，$q(t)=g$ でどちらも定数である．∎

[例 3.2] $R\dot{Q}+Q/C=E\sin\omega t$（振動起電力があるときの直列 RC 回路）．$p(t)=1/RC$，$q(t)=(E/R)\sin\omega t$．∎

[例 3.3] $y'-xy=x$．$p(x)=-x$，$q(x)=x$ である．∎

まず斉次方程式(2.25)を解き，その結果を利用して非斉次方程式(2.24)の解を求める．

斉次方程式(2.25)は変数分離形であるから，2-1節の手法が使える．(2.25)式を

$$\frac{1}{y}dy = -p(x)dx \tag{2.26}$$

と書き直し，両辺を積分して，

$$\log|y| = -\int p(x)dx + C$$

したがって，一般解は

$$y = A \exp\left[-\int p(x)dx\right] \equiv z(x) \tag{2.27}$$

となる．後のために，右辺を $z(x)$ とおいた．

非斉次方程式(2.24)を解くために，(2.27)の結果を考えに入れて，

$$y(x) = a(x)z(x) \tag{2.28}$$

とおく．この変数変換は，次のような考えにもとづいている．すなわち，非斉次項 $q(x) \not\equiv 0$ の影響は指数関数の因子 $z(x)$ を変えずに，係数 A が x の関数 $a(x)$ になることに現われるだろうと考えるのである．$z(x)$ は(2.25)式を満たすから，

$$y' + py = a(z' + pz) + a'z = a'z$$

したがって，(2.24)式から a に対する微分方程式

$$a' = \frac{q(x)}{z(x)} \tag{2.29}$$

が得られる．この方程式は変数分離形で，直ちに積分できて，

$$a(x) = \int \frac{q(x)}{z(x)}dx + A \tag{2.30}$$

この結果を(2.28)式に代入して，

$$y(x) = Az(x) + z(x)\int \frac{q(x)}{z(x)}dx \tag{2.31}$$

が得られる．この解は任意定数を 1 つ含み，(2.24)式の一般解である．

(2.28)式のように解を［斉次方程式の解］×［未知関数］と変数変換して求める方法を，**定数変化法**（method of variation of constants）と呼ぶ．もっと一般の形の非斉次方程式を解くときにもこの方法が使われる．

(2.31)式の第 2 項を $\phi(x)$ と書くと，$\phi(x)$ は非斉次方程式(2.24)の特殊解である．(2.31)式は，(2.24)式の一般解 $y(x)$ がその特殊解 $\phi(x)$ と斉次方程式(2.25)の一般解 $Az(x)$ の和

$$y(x) = Az(x) + \phi(x) \tag{2.32}$$

で与えられることを意味している．この事実から，任意の 3 つの解 $y(x)$，$y_1(x), y_2(x)$ に対して，関係式

$$\frac{y(x) - y_2(x)}{y_1(x) - y_2(x)} = 定数 \tag{2.33}$$

が導かれる．この性質を使うと，非斉次方程式(2.24)に関して，その 2 つの解 $y_1(x), y_2(x)$ が分かれば，一般解 $y(x)$ が(2.33)式によって求まる．

例題 2-6 $y' + xy = x$ を解け． $\tag{2.34}$

［解］ 斉次方程式は

$$z' + xz = 0$$

となる．$dz/z = -x dx$ を解いて，一般解は $z = Ae^{-x^2/2}$．$y = az$ とおいて，a に対する方程式は $a' = x/z(x) = A^{-1}xe^{x^2/2}$．その解は

$$a = A^{-1} \int xe^{x^2/2} dx$$

右辺の積分は，$w = x^2/2$ とおいて置換積分し，$A^{-1}\int e^w dw = A^{-1}e^w$ を得る．したがって，

$$a = A^{-1}e^{x^2/2} + C$$

結局，非斉次方程式の一般解は

$$y = Ce^{-x^2/2} + 1$$

で与えられる．

［別解］ (2.34)式は

$$y' = x(1-y)$$

と書き直せる．この方程式は変数分離形であるから，2-1節の解法が使える．∎

例題 2-7　空気の抵抗を受けて落下する物体の速度を求めよ．

[解]　物体の速度 v が従う微分方程式は 1-2 節の例 2-5 で導いた．ここでは，v の座標は垂直下向きを正にとって，

$$\dot{v} + \nu v = g$$

$(2.28)\sim(2.31)$式の手順で解が求まる．$v = az$ とおいて，

$$z(t) = Ae^{-\nu t}$$

$$a(t) = A^{-1}g \int e^{\nu t} dt + C = A^{-1}\frac{g}{\nu}e^{\nu t} + C$$

v の一般解は

$$v(t) = Ce^{-\nu t} + \frac{g}{\nu} \tag{2.35}$$

となる．初期条件 $v_0 = v(0)$ から C が決まり，$C = v_0 - g/\nu$．この値を(2.35)式に代入して，

$$v(t) = \left(v_0 - \frac{g}{\nu}\right)e^{-\nu t} + \frac{g}{\nu}$$

$$= v_0 e^{-\nu t} + \frac{g}{\nu}(1 - e^{-\nu t})$$

となる．$v(t)$ のグラフを図 2-5 に示す．$v_0 < g/\nu$ であれば，引力によって加速されて v は増加するが，それにつれて空気抵抗 νv が大きくなり，v は g/ν を越えることはない．$v_0 > g/\nu$ であれば，空気抵抗が引力に勝って，v は減少し，$t \to \infty$ で一定値 g/ν に近づく．(2.35)式でこの値，すなわち終端速度 g/ν は非斉次方程式の特殊解になっている．∎

例題 2-8　直列 RC 回路に矩形波の起電力 $E(t)$ を加えたとき，コンデンサーに蓄えられる電荷 Q を求めよ．

[解]　直列の RLC 回路では次の法則が成り立つ．回路に加える起電力を E，

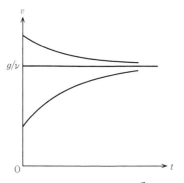

図2-5　解曲線 $v(t)=v_0 e^{-\nu t}+\dfrac{g}{\nu}(1-e^{-\nu t})$

回路に流れる電流を I とする．抵抗 R，インダクタンス L，容量 C による電圧降下はそれぞれ，$E_R=RI$，$E_L=-L\dot{I}$，$E_Q=Q/C$ である．図2-6(a)のような RC 回路では，キルヒホッフの法則により，$E_R+E_Q=E$．$I=\dot{Q}$ の関係を用いて，微分方程式

$$\dot{Q}+\frac{Q}{RC}=\frac{E(t)}{R} \tag{2.36}$$

が得られる．図2-6(b)に示した起電力 $E(t)$ は，$0\leqq t\leqq T$ の範囲で一定値 V をとり，その外側では0である．$t<0$ では $Q(t)=0$ とする．t の範囲を(ⅰ) $0\leqq t\leqq T$ と(ⅱ) $t>T$ に分けて，(2.36)式の解を求める．

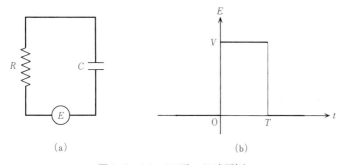

図2-6　(a)RC 回路，(b)矩形波

（i）では，（2.36）式は非斉次方程式だから，（2.28）〜（2.31）式の手順で一般解が求まる．

$$Q(t) = e^{-t/RC}\Big(A+\frac{V}{R}\int e^{t/RC}dt\Big)$$

$$= Ae^{-t/RC}+CV \tag{2.37}$$

初期条件 $Q(0)=0$ から積分定数 A が決まり，$A=-CV$．したがって，

$$Q(t) = CV(1-e^{-t/RC}) \qquad (0\leqq t\leqq T) \tag{2.38}$$

（ii）では，$E=0$．（2.36）式は斉次方程式となる．その一般解は

$$Q(t) = Be^{-t/RC} \tag{2.39}$$

$Q(T)=CV(1-e^{-T/RC})$ から積分定数 B が決まり，$B=CV(e^{T/RC}-1)$．したがって，

$$Q(t) = CV(e^{T/RC}-1)e^{-t/RC} \qquad (t\geqq T) \tag{2.40}$$

電荷 $Q(t)$ のグラフを図 2-7 に示す．（i）の範囲で $Q(t)$ はその飽和値 CV へ近づき，（ii）の範囲では指数関数的に減衰していく．その時間的なスケールは RC であり，その逆数 $1/RC$ をこの回路の時定数という．■

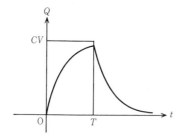

図 2-7 $Q(t)$ のグラフ

2-4 完全微分方程式

1階の微分方程式は，陽の形（正規形）$y'=f(x,y)$ で与えられているときには，いつでも

$$\omega \equiv P(x,y)dx+Q(x,y)dy = 0 \tag{2.41}$$

という形に書き直すことができる。この形の微分方程式を扱うには，偏微分法の知識が必要となる。その基本を復習しておこう。

偏微分と全微分　x, y を座標とする 2 次元面 xy 上の関数 $U(x, y)$ を考える。たとえば，2 次元面上に電荷密度が分布しているときの，各点 (x, y) における電位 U がその例である。U の値が等しい点を結んでできる曲線は等電位線と呼ばれる。xy 面上の隣り合う 2 点は (x, y)，$(x + \Delta x, y + \Delta y)$ のように表わされる。この 2 点間の電位の差は

$$\Delta U = U(x + \Delta x, y + \Delta y) - U(x, y) \tag{2.42}$$

で与えられる。とくに，一方の座標 y を留めて考える（$\Delta y = 0$ とする）と，$U(x, y)$ を x だけの関数とみなすことができるから，x についての微分が定義できる。これを x についての**偏微分**（partial differential）と呼び

$$\frac{\partial U}{\partial x} = \lim_{\Delta x \to 0} \frac{U(x + \Delta x, y) - U(x, y)}{\Delta x} \tag{2.43}$$

と表わされる。$\partial U/\partial x$ の代りに U_x と書いてもよい。y についての偏微分 $\partial U/\partial y$ も同様に定義できる。(2.42)式で，Δx と Δy が微小であるとして，Δx と Δy で展開すると

$$U(x + \Delta x, y + \Delta y) = U(x, y) + \frac{\partial U}{\partial x} \Delta x + \frac{\partial U}{\partial y} \Delta y \tag{2.44}$$

この式を(2.42)式に代入する。$\Delta x, \Delta y$ が微小な極限では dx, dy と書いて，

$$dU = \frac{\partial U}{\partial x} dx + \frac{\partial u}{\partial y} dy \tag{2.45}$$

が得られる。この dU を U の**全微分**（total differential）という。$\partial U/\partial x$ と $\partial U/\partial y$ はそれぞれ U の x 方向および y 方向の傾きを表わしている。

微分方程式(5.1)に戻り，P と Q がある関数 $U(x, y)$ を用いて，

$$P(x, y) = \frac{\partial U}{\partial x}, \qquad Q(x, y) = \frac{\partial U}{\partial y} \tag{2.46}$$

のように表わされるとする。このときには，(2.41)式の左辺 ω が

$$\omega \equiv P dx + Q dy = \frac{\partial U}{\partial x} dx + \frac{\partial U}{\partial y} dy = dU \tag{2.47}$$

と表わされ，U の全微分に等しくなる．微分方程式(2.41)は

$$dU = 0 \tag{2.48}$$

と表わされ，**完全微分方程式**(exact differential equation)と呼ばれる．微分幾何学の言葉では，ω が(2.47)のように書けるとき，ω は**完全である**という．(2.48)式は直ちに積分でき，

$$U(x, y) = C \tag{2.49}$$

が得られる．これは(2.41)式の一般解になっている．

次の2つの例は完全微分方程式である．

[例4.1]　$ydx + xdy = 0$．(2.41)式で，$P = y$，$Q = x$ であるから，$U = xy + C$ とおくと(2.46)式が成り立つ．∎

[例4.2]　$\dfrac{1}{y}dx - \dfrac{x}{y^2}dy = 0$．$P = 1/y$，$Q = -x/y^2$ であるから，$U = x/y$ とおくと(2.46)式が成り立つ．∎

次に，(2.41)式が(2.47)式のように書けるための，言い換えれば ω が完全であるための条件を求めよう．

定理 2-1　(2.41)式が完全微分方程式であるための必要十分条件は

$$\frac{\partial P}{\partial y} = \frac{\partial Q}{\partial x} \tag{2.50}$$

が成り立つことである．

[証明]　(2.50)式が必要条件であることは簡単に示せる．(2.41)式が完全微分方程式であれば，適当な関数 $U(x, y)$ が存在して，(2.46)式が成り立つ．このときには

$$\frac{\partial P}{\partial y} = \frac{\partial^2 U}{\partial x \partial y} = \frac{\partial Q}{\partial x} \tag{2.51}$$

が成り立ち，(2.50)式が導かれた．

次に，(2.50)式が十分条件であることをいうには，この条件の下で(2.46)式を満たす関数 $U(x, y)$ を作って見せればよい．そのために，

$$X(x, y) = \int_{x_0}^{x} P(x, y)du \tag{2.52}$$

とおく．両辺を x, y で偏微分し，(2.50)式を用いて

$$\frac{\partial X}{\partial x} = P, \qquad \frac{\partial^2 X}{\partial x \partial y} = \frac{\partial^2 X}{\partial y \partial x} = \frac{\partial P}{\partial y} = \frac{\partial Q}{\partial x} \qquad (2.53)$$

が得られる. 第2式は

$$\frac{\partial}{\partial x}\left(\frac{\partial X}{\partial y} - Q\right) = 0$$

と書ける. この式は $\partial X/\partial y - Q$ が y だけの関数であることを意味するから,

$$\frac{\partial X}{\partial y} - Q = g(y) \qquad (2.54)$$

とおくことができる. (2.53)の第1式と(2.54)式を(2.41)式の左辺に代入して

$$Pdx + Qdy = \frac{\partial X}{\partial x}dx + \frac{\partial X}{\partial y}dy - g(y)dy \qquad (2.55)$$

初めの2つの項は全微分 dX となる. 第3項も微分 $d\left[-\int_{y_0}^{y} g(v)dv\right]$ に等しい. したがって, (2.55)式が全微分であることがいえて,

$$Pdx + Qdy = dU \qquad (2.47)$$

と表わされる. ここで U は

$$\begin{aligned}
U(x, y) &= X(x, y) - \int_{y_0}^{y}\left[\frac{\partial X(x, v)}{\partial v} - Q(x, v)\right]dv + \text{定数} \\
&= X(x, y_0) + \int_{y_0}^{y} Q(x, v)dv + \text{定数} \\
&= \int_{x_0}^{x} P(u, y_0)du + \int_{y_0}^{y} Q(x, v)dv + U(x_0, y_0) \qquad (2.56)
\end{aligned}$$

上では, $P(x, y)$ の x 積分(2.52)から出発して, (2.50)式を満たす関数 $U(x, y)$ を作った. 同様にして, x と y の役目を交換して, $Q(x, y)$ の y 積分から出発して $U(x, y)$ を作ることもできる. そうすると, (2.56)式で x と y および P と Q の役割りを入れ換えた式

$$U(x, y) = \int_{x_0}^{x} P(u, y)du + \int_{y_0}^{y} Q(x_0, v)dv + U(x_0, y_0) \qquad (2.57)$$

が得られる. (2.56)と(2.57)の積分の径路は, それぞれ, 図2-8の C_1 と C_2 である.

線積分の径路独立性　ω が完全であるとき, (2.56)式と(2.57)式が等しい

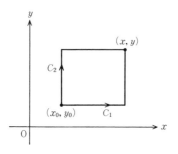

図 2-8　積分径路 C_1 と C_2

ことは,

$$\int_{C_1}(Pdx+Qdy)=\int_{C_2}(Pdx+Qdy) \tag{2.58}$$

と表わされる.この式では,y を留めて x についての積分と x を留めて y について の積分の和が,1つの径路 C_1 または別の径路 C_2 上の積分として表わされ ている(図2-8).このように曲線(いまの場合は直線)に沿った積分を**線積分**と いう.(2.58)式は線積分の値が,始点と終点が決まっていれば,2つの径路 C_1 と C_2 で変わらないことを意味している.C_2 と逆向きの径路を $\bar{C}_2$,C_1 と $\bar{C}_2$ を合せた閉じた径路 $C_1+\bar{C}_2$ を C で表わす.積分の性質

$$\int_{\bar{C}_2}(Pdx+Qdy)=-\int_{C_2}(Pdx+Qdy) \tag{2.59}$$

を使うと,(2.58)式は

$$\int_C\omega=\int_C(Pdx+Qdy)=0 \tag{2.60}$$

と書き直される.

　以上の結果をまとめて,次のことが示された.

　　ω が完全であるとき,したがって P と Q が $\partial P/\partial y=\partial Q/\partial x$ の関係を満足 している とき,長方形の辺を1周する閉じた径路 C 上の線積分 $\int_C\omega$ はゼ ロになる.ここで長方形は勝手なものでよい.

この結果は次のように一般化できる.

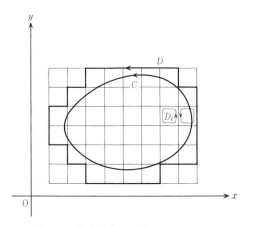

図 2-9 積分径路 C と格子上の径路 D

ω が完全であるとき，xy 平面上の任意の閉じた径路 C 上の線積分 $\displaystyle\int_C \omega$ は
ゼロになる．

[証明] 図 2-9 のような任意の閉じた径路 C を考える．xy 平面に正方格子
を描き，径路 C を格子の辺を継いだ径路 D で近似する．格子間隔 a を 0 に近
づけた極限では，D は C に一致する．したがって，

$$\int_C \omega = \lim_{a \to 0} \int_D \omega$$

が成り立つ．径路 D に沿った線積分は，その内側に含まれるすべての格子 i
の周 D_i に沿った線分の和に等しい．逆向きに重なり合った辺上の線積分は，
(2.59) の性質により互いに打ち消し合うからである．ゆえに

$$\int_C \omega = \lim_{a \to 0} \sum_i \int_{D_i} \omega$$

が成り立つ．右辺の和の各項はゼロであるから，左辺がゼロになることが示さ
れた．▊

例題 2-9 $ydx + xdy = 0$ を解け．

[解] 例 4.1 から，$U = xy + C$．したがって，一般解は

$$xy = A$$

となる．∎

例題 2-10　$\dfrac{1}{y}dx - \dfrac{x}{y^2}dy = 0$ を解け． (2.61)

　[解]　例4.2から，$U = x/y + C$．したがって，一般解は

$$y = Ax \tag{2.62}$$

となる．(2.61)式の両辺を $(x/y^2)dx$ で割ると，変数分離形 $y' - y/x = 0$ になり，例題2-2の方程式と同じものとなる．∎

例題 2-11　$ydx - xdy = 0$ (2.63)

この方程式は完全形に帰着させることができる．この性質を利用して，この方程式を解け．

　[解]　$P = y$，$Q = -x$ であり，$\partial P/\partial y = 1 = -\partial Q/\partial x$．したがって，(2.50)の条件が成り立たず，(2.63)式は完全微分形ではない．しかし，この式を y^2 で割ると，

$$\frac{1}{y}dx - \frac{x}{y^2}dy = 0$$

となり，完全微分形(2.61)式に等しい．したがって，(2.63)式の解は(2.62)で与えられる．(2.63)式を y^2 で割る代りに x^2 で割ると，別の完全微分形

$$\frac{y}{x^2}dx - \frac{1}{x}dy = 0$$

に等しくなる．このときは，$U = y/x + C$ である．よって，ふたたび一般解は(2.62)で与えられる．∎

例題 2-12　$\omega = \dfrac{y}{x^2+y^2}dx - \dfrac{x}{x^2+y^2}dy$ が完全形かどうかを確め，さらに，閉じた径路 C に対して，$\displaystyle\int_C \omega$ を求めよ．

　[解]　$U = \tan^{-1}(x/y)$ とおくと，$(\tan^{-1}x)' = 1/(1+x^2)$ を用いて，

$$\frac{\partial U}{\partial x} = \frac{1}{y}\frac{1}{1+x^2/y^2} = \frac{y}{x^2+y^2}, \quad \frac{\partial U}{\partial y} = -\frac{x}{x^2+y^2}$$

したがって $\omega=dU$ が成り立ち，ω は完全形である．$\omega=0$ は完全微分方程式であり，その解は $\tan^{-1}(x/y)=$ 定数，すなわち，

$$y = Ax$$

である．∎

　上の例は以下のような数学的意味をもっている．極座標を用いると，$x=r\cos\theta$，$y=r\sin\theta$ であるから，

$$U = \tan^{-1}(\cot\theta) = \frac{1}{2}\pi-\theta$$

したがって $\omega=-d\theta$．ω の積分は

$$\int_C \omega = -\int_C d\theta$$

と表わされる．この積分を直ちにゼロとするのは正しくない．図 2-10(a)のように原点が径路 C の外側にあれば，点 P が C に沿って 1 周すると θ は始めの値に戻り，したがって ω の積分はゼロである．これに対して，(b)のように原点が C の内側にあれば，点 P が C に沿って n 周すると，θ の値は $2\pi n$ だけ増

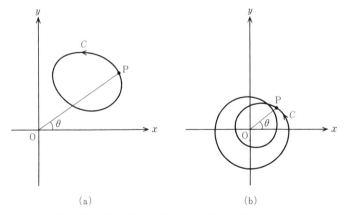

(a) (b)

図 2-10 原点が積分径路の(a)外側にある場合と，(b)内側にある場合

える. ここで, n は C が原点に巻きついている数である. 結局, 正しい答は

$$\int_C \omega = -2\pi n$$

この積分がゼロにならない理由を考えてみよう. 角度 θ には $2\pi m$ (m は整数) の不定性があるため, xy 平面上で**多価**(multi-valued)であり, x の正軸を取り除いた領域(図 2-11)で **1価**(single-valued)となる(1通りに定まる). したがって, ω の完全性は xy 平面の全領域では成り立っていない.

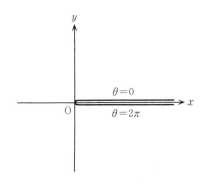

図 2-11

2-1 節で扱った変数分離形は完全微分形でもある. 実際, (2.1)式 $y' = f(x)g(y)$ は, $G(y)=1/g(y)$ とおいて,

$$f(x)dx - G(y)dy = 0$$

と書くことができる. この方程式は完全微分形の中でも特殊な形である. $P = f(x)$, $Q=G(y)$ であり, $\partial P/\partial y = 0 = \partial Q/\partial x$ となるから, たしかに(2.50)の条件が満たされている.

2-5 積分因子

前節の例題 2-11 のように, 微分方程式

$$P(x,y)dx + Q(x,y)dy = 0 \tag{2.64}$$

自身は完全微分形ではないが, それに x と y の適当な関数 $\rho(x,y)$ を掛けたもの

$$\rho(x,y)P(x,y)dx+\rho(x,y)Q(x,y)dy = 0 \qquad (2.65)$$

が完全微分形となる場合がある．このとき，$\rho(x,y)$ を**積分因子**(integration factor)という．積分因子をもつ微分方程式(2.65)は物理学で広く応用されている．

定理 2-1 を(2.65)式に適用して，関数 ρ が積分因子であるための必要条件は

$$\frac{\partial(\rho P)}{\partial y} = \frac{\partial(\rho Q)}{\partial x} \qquad (2.66)$$

が成り立つことである．積分因子 ρ が見つかれば，

$$\frac{\partial V}{\partial x} = \rho P, \quad \frac{\partial V}{\partial y} = \rho Q \qquad (2.67)$$

が成り立つような関数 $V(x,y)$ が存在して，(2.65)式は $dV=0$ と書ける．その一般解は

$$V(x,y) = C \qquad (2.68)$$

で与えられる．$\rho \not\equiv 0$ であるから，(2.65)式の解は(2.64)式の解であり，その逆も正しい．したがって，(2.68)式が(2.64)式の一般解となる．(2.67)式を満たす関数 V を(2.64)式の**積分**という．

積分因子を求めるにあたって，いくつかの注意が必要である．まず，例題 2-11 からも明らかなように，積分因子は存在するとしても，一通りには決まらない．このことに関係して，積分因子と積分は次の性質をもつ．

関数 $V(x,y)$ を(2.64)式の積分とする．$F(u)$ を u の任意関数として，$F(V(x,y))$ も(2.64)式の積分である．逆に，$U(x,y)$ を(2.64)式の任意の積分とすると，

$$U(x,y) = F(V(x,y)) \qquad (2.69)$$

と表わすことができる．

[証明]　(2.67)式により，

$$\frac{1}{P}\frac{\partial F(V(x,y))}{\partial x} = \frac{1}{P}\frac{\partial V}{\partial x}\frac{dF}{dV} = \frac{1}{Q}\frac{\partial V}{\partial y}\frac{dF}{dV} = \frac{1}{Q}\frac{\partial F(V(x,y))}{\partial y}$$

が成り立つ．この式は $F(V(x,y))$ が(2.64)式の積分であることを意味する．

次に，$U(x, y)$ を(2.64)式の積分とすると，

$$\frac{1}{P}\frac{\partial U}{\partial x} = \frac{1}{Q}\frac{\partial U}{\partial y}$$

次の V, U の関数行列式を計算すると，

$$\begin{vmatrix} \partial V/\partial x & \partial V/\partial y \\ \partial U/\partial x & \partial U/\partial y \end{vmatrix} = 0 \tag{2.70}$$

関数行列の理論によると，この恒等式は U が V の関数として表わされる，すなわち(2.69)式が成り立つ(その逆も正しい)ことを意味する．ここではその証明は行なわないが，次の簡単な例によってもその内容が読み取れるであろう．∎

　[例5.1]　1組の関数

$$V = x + y, \qquad U = ax^2 + 2bxy + cy^2$$

を考える．その関数行列式(2.70)は

$$\begin{vmatrix} \partial V/\partial x & \partial V/\partial y \\ \partial U/\partial x & \partial U/\partial y \end{vmatrix} = 2((b-a)x + (c-b)y)$$

となるから，$a=b=c$ のときゼロとなる．このとき $U = a(x+y)^2 = aV^2$ となり，たしかに(2.69)式が成り立つ．∎

　ρ を(2.64)式の任意の積分因子，V を任意の積分とする．このとき，ρV も(2.64)式の積分因子である．逆に，ρ, σ を(2.64)式の任意の積分因子とすると，その比 σ/ρ は(2.64)式の積分である．

　[証明]　ρ と V は

$$\frac{\partial(\rho P)}{\partial y} = \frac{\partial(\rho Q)}{\partial x}, \qquad \frac{1}{P}\frac{\partial V}{\partial x} = \frac{1}{Q}\frac{\partial V}{\partial y}$$

を満たす．この2つの式から

$$\frac{\partial(\rho PV)}{\partial y} = \frac{\partial(\rho P)}{\partial y} + \rho P\frac{\partial V}{\partial y} = \frac{\partial(\rho Q)}{\partial x} + \rho Q\frac{\partial V}{\partial x} = \frac{\partial(\rho QV)}{\partial x}$$

が得られる．これは ρV が(2.64)式の積分であることを意味する．次に，(2.64)式の積分因子 ρ, σ に対応する積分を V, U とする．

$$\frac{1}{P}\frac{\partial V}{\partial x} = \frac{1}{Q}\frac{\partial V}{\partial y} = \rho, \qquad \frac{1}{P}\frac{\partial U}{\partial x} = \frac{1}{Q}\frac{\partial U}{\partial y} = \sigma \tag{2.71}$$

上で述べた性質により，適当な関数 $F(u)$ が存在して(2.69)式が書けるから，

$$\frac{\partial U}{\partial x} = \frac{\partial V}{\partial x}F'(V), \qquad \frac{\partial U}{\partial y} = \frac{\partial V}{\partial y}F'(V) \tag{2.72}$$

(2.71)と(2.72)式から

$$\frac{\sigma}{\rho} = \frac{\partial U/\partial x}{\partial V/\partial x} = F'(V)$$

が得られる．上で述べた性質により，$F'(V)$ したがって σ/ρ が(2.64)式の積分であることが示された．∎

次に，(2.66)式を次のように書き直す．

$$\frac{1}{\rho}\left(Q\frac{\partial\rho}{\partial x} - P\frac{\partial\rho}{\partial y}\right) = Q\frac{\partial\log\rho}{\partial x} - P\frac{\partial\log\rho}{\partial y} = -\left(\frac{\partial Q}{\partial x} - \frac{\partial P}{\partial y}\right) \tag{2.73}$$

積分因子 ρ に対する微分方程式が得られた．

しかし，この方程式は偏微分方程式であり，一般には解くことが困難である．ρ が求まるのは，ρ が簡単な形をしている場合だけであり，以下にその2つの例をあげる．

(A) ρ が x だけの（または y だけの）関数の場合．このときには，(2.73)式は

$$\frac{d\log\rho}{dx} = -\frac{1}{Q}\left(\frac{\partial Q}{\partial x} - \frac{\partial P}{\partial y}\right) \equiv F(x) \tag{2.74}$$

となる．右辺も x だけの関数でなければならないから，$F(x)$ とおいた．この式は変数分離形であるから，直ちに解が求まり

$$\rho(x) = A\exp\left[\int dx F(x)\right] \tag{2.75}$$

例題 2-13 $ydx - xdy = 0$ の積分因子を求めよ．

［解］ 上の(A)の方法を用いて積分因子 ρ を求めてみよう．$P=y$, $Q=-x$ とおいて，(2.74)式から $F=-2/x$ を得る．積分因子は

$$\rho = A \exp\left(-2\int x^{-1}dx\right) = A \exp(-2\log x) = \frac{A}{x^2}$$

となる．対応する完全微分形は例題 2-11 に与えてあり，その積分は $V=y/x+C$ で与えられる．▮

（B）　ρ が次の形をしている場合．

$$\rho = x^p y^q \tag{2.76}$$

例題 2-14　次の形の微分方程式は上の形の積分因子をもつことを示せ．
$$x^a y^b(Aydx+Bxdy)+x^c y^d(Cydx+Dxdy)=0$$

［解］　ρ として (2.76) の形を仮定し，(2.66) 式から p と q が決まることを示せばよい．$\rho P=x^p y^q(Ax^a y^{b+1}+Cx^c y^{d+1})$，$\rho Q=x^p y^q(Bx^{a+1}y^b+Dx^{c+1}y^d)$ を用いて，

$$\frac{\partial(\rho P)}{\partial y} = x^p y^q[(q+b+1)Ax^a y^b+(q+d+1)Cx^c y^d]$$

$$\frac{\partial(\rho Q)}{\partial x} = x^p y^q[(p+a+1)Bx^a y^b+(p+c+1)Dx^c y^d]$$

を (2.66) 式に代入する．$x^{p+a}y^{q+b}$ と $x^{p+c}y^{q+d}$ の各項の係数が両辺で等しいためには，

$$Aq-Bp = -A(b+1)+B(a+1)$$
$$Cq-Dp = -C(d+1)+D(c+1)$$

が成り立てばよい．$AD-BC\neq0$ であれば，この連立方程式は根をもち，p と q が決まる．▮

積分因子法と初等解法　　前節までに扱った解法の中には，積分因子法と関連しているものもある．2-3 節の 1 階線形方程式をこの観点から見直してみよう．方程式 (2.24)，$y'+p(x)y=q(x)$，は両辺に dx を掛けて

$$(p(x)y-q(x))dx+dy = 0 \tag{2.77}$$

と書くことができる．$P=p(x)y-q(x)$，$Q=1$ とおく．積分因子 ρ が存在して，ρ は x だけの関数であると仮定してみる．(2.74) 式から F を計算すると，

$$F = -\frac{1}{Q}\left(\frac{\partial Q}{\partial x} - \frac{\partial P}{\partial y}\right) = \frac{\partial P}{\partial y} = p(x)$$

となり，初めの仮定が正当化された．したがって，(2.75)式を用いて積分因子が求まり，

$$\rho(x) = A \exp\left[\int p(x)dx\right] \tag{2.78}$$

完全微分形と積分因子法は流体力学や熱力学などの物理現象の解析に広く応用されている．

理想気体の熱力学　1種類の分子からなる気体の熱的な過程を考える．その圧力，体積，温度を P, V, T で表わす．気体の状態はいずれか2つの変数，たとえば V と T で決まり，残りの1つの変数はこの2つの変数で表わされる．理想気体を例にとると，状態方程式は $PV=RT$ となる．ここで R は気体定数である．気体は分子の運動に由来する内部エネルギー U をもち，$U=\frac{3}{2}RT$ である．

気体が外部から微小な熱 δQ を受けると，その状態が変化する．そのとき圧力は外部に対して $\delta W=PdV$ だけの仕事を行ない，内部エネルギーは $dU=\frac{3}{2}RdT$ だけ変化する．δQ と δW は微小量ではあるが全微分ではないので，こういう記号を用いた．**熱力学の第1法則**は

$$\delta Q = \delta W + dU = R\left(T\frac{dV}{V} + \frac{3}{2}dT\right) \tag{2.79}$$

と表わされる．とくに，断熱過程のときは $\delta Q=0$ であるから，

$$R\left(T\frac{dV}{V} + \frac{3}{2}dT\right) = 0 \tag{2.80}$$

とおく．δQ は全微分でないから，この微分方程式は完全微分形でない．

熱力学の第2法則によれば，$dS \equiv \delta Q/T$ によってエントロピー S を定義すると，S は状態だけで決まる量である．実際，(2.80)式を T で割ると，

$$dS = R\left(\frac{dV}{V} + \frac{3}{2}\frac{dT}{T}\right) = Rd(\log(VT^{3/2})) = 0 \tag{2.81}$$

が得られ，dS は全微分となる．したがって，(2.80)式は積分因子 T^{-1} をもつ．

結局，理想気体の熱力学においては，積分とはエントロピー S のことである．

2-6　非正規形

1階の微分方程式は最も一般には，(1.55)式のように陰の形(非正規形)で

$$F(x, y, y') = 0 \tag{2.82}$$

と書ける．この式が y' について解けないときは，別の取扱いが必要となる．解の求め方は前節までの場合よりもずっと複雑になり，解をくわしく吟味しなければならない．次の簡単な例でも，その特徴をとらえることができる．

非正規形の例として，

$$(y')^2 = y \qquad (y \geqq 0) \tag{2.83}$$

を考える．この式は y' について解けて，

$$y' = \pm\sqrt{y} \tag{2.84}$$

この式は変数分離形であり，直ちに解ける．両辺に $dx/\sqrt{y}$ を掛けると，$dy/\sqrt{y} = \pm dx$．積分公式 $\int dy/\sqrt{y} = 2\sqrt{y}$ を用いて，

$$\sqrt{y} = \pm\frac{1}{2}(x-a) \tag{2.85}$$

が得られる(a は積分定数)．あるいは，両辺を 2 乗して

$$y = \frac{1}{4}(x-a)^2 \tag{2.86}$$

と書いてもよい．

2-1 節で述べた理由により，

$$y = 0 \tag{2.87}$$

も(2.84)式の解である．しかし 2-1 節の例とは異なり，この解は積分定数 a をどのような値に選んでも，一般解(2.86)からは得られない．したがって，解(2.87)は(2.84)式の特異解である(特異解の定義については，1-4 節を参照)．図 2-12 に一般解(2.86)の解曲線と特異解(2.87)の曲線を示す．

じつは，解は(2.86)と(2.87)の 2 つだけではない．図 2-13 に示してあるとおり，両者を組み合わせた

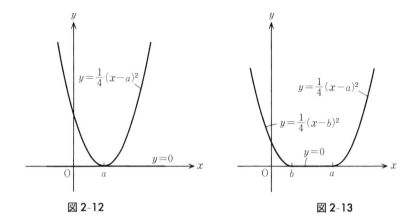

図 2-12　　　　　　　　　　　　　図 2-13

$$y = \begin{cases} \dfrac{1}{4}(x-a)^2 & (a \leqq x) \\[2mm] 0 & (b \leqq x \leqq a) \\[2mm] \dfrac{1}{4}(x-b)^2 & (x \leqq b) \end{cases} \tag{2.88}$$

も(2.84)式の解になっている．この解には任意定数が a と b の2つ含まれている．その出所は，微分方程式(2.84)が2つの方程式 $y'=\sqrt{y}$ と $y'=-\sqrt{y}$ から成り立っていることにある．

　解(2.88)を，1-5節で述べた解の存在と一意性の定理から考察してみよう．そのために，任意の値 x_0 と y_0 に対して，(1)初期条件

$$y(x_0) = y_0 \qquad (y_0 \geqq 0) \tag{2.89}$$

を満たす解が存在して，(2)しかもその解はただ1つであるかどうかを調べてみよう．

　(1)　初期条件(2.89)を満たす解は直ちに作れる．解は2通りあって，それぞれ

$$a = x_0 + 2\sqrt{y_0}$$
$$b = x_0 - 2\sqrt{y_0}$$

に対応する(図2-14)．

　(2)　解がただ1つに決まらず，定理の後半が成り立たないのは，f_y が連続

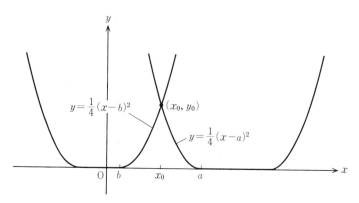

図 2-14

であるという定理 1-1 の前提(リプシッツの条件)が成り立っていないことによ
る. 実際, (2.84)式で, $f_y = \partial f/\partial y = \pm 1/2\sqrt{y}$ となり, f_y は $y=0$ で発散してし
まい, 連続でない.

幾何学的な意味　　一般解(2.86)と特異解(2.87)の関係は次のような幾何学
的な意味をもっている. 解(2.86)で, パラメーター a の値を変えると, 図 2-15
に示すように, x 軸上に頂点をもつ放物線の族が得られ, それらは特異解の曲
線(2.87)に上から接している.

　一般に, 1つのパラメーター a で表わされる曲線の族(1パラメーター族という)

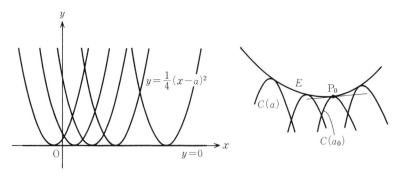

図 2-15　放物線の族とその包絡線　　　　　図 2-16

$$\{C(a) : \varphi(x, y, a) = 0\} \tag{2.90}$$

を考える．いま，図 2-16 のように別の曲線 E があって，その上の各点で曲線の族 $\{C(a)\}$ のどれかに接しているとき，E を $\{C(a)\}$ の**包絡線**であるという．図 2-15 では，特異解の曲線(2.87)は一般解(2.86)の曲線の族の包絡線になっている．いまの場合，曲線族の方程式は

$$\varphi(x, y, a) \equiv y - \frac{1}{4}(x-a)^2 = 0 \tag{2.91}$$

である．

曲線の族(2.90)に関して，その包絡線 E の方程式を

$$y = f(x) \tag{2.92}$$

とする．この方程式は

$$x = X(a), \quad y = Y(a) \tag{2.93}$$

という形に，1 個のパラメーターを用いて表わすことができる．上で扱った例では，$X(a) \equiv \mu a$，$Y(a) \equiv 0$ である(μ は任意の定数でよい)．包絡線について次のことがいえる．

曲線族(2.90)に関して，その包絡線は連立方程式

$$\varphi(x, y, a) = 0, \quad \varphi_a(x, y, a) = 0 \tag{2.94}$$

からパラメーター a を消去して得られる．ここで，φ_a は a についての偏微分 $\partial\varphi/\partial a$ を表わす．

[証明] 曲線 $C(a)$ 上の点 P の座標 (x, y) は

$$\varphi(x, y, a) = 0 \tag{2.95}$$

を満たすから，

$$d\varphi = \left(\frac{\partial\varphi}{\partial x} + \frac{\partial\varphi}{\partial y}\frac{dy}{dx}\right)dx = 0 \tag{2.96}$$

$$\frac{d\varphi}{da} = 0 \tag{2.97}$$

が成り立つ．ただし，(2.96)式では，a の値は留めてある．さて，包絡線 E 上の任意の点を P_0 とし，その座標を (x_0, y_0) とする(図 2-16)．ここで，$x_0 = X(a_0)$，$y_0 = Y(a_0)$ である．点 P_0 は $C(a_0)$ 上の点でもあるから，

$$\varphi(x_0, y_0, a_0) = 0 \tag{2.98}$$

が成り立つ. 次に, 点 P_0 では E と $C(a_0)$ の接線の傾き dY/dX と dy/dx が等しいから, (2.96)式は

$$\left[\frac{\partial \varphi}{\partial x} + \frac{\partial \varphi}{\partial y}\frac{dY/da}{dX/da}\right]_{P=P_0} = 0 \tag{2.99}$$

と書き直される. (2.97)式は

$$\left.\frac{d\varphi}{da}\right|_{P=P_0} = \left[\frac{\partial \varphi}{\partial x}\frac{dX}{da} + \frac{\partial \varphi}{\partial y}\frac{dY}{da} + \frac{\partial \varphi}{\partial a}\right]_{P=P_0} = 0 \tag{2.100}$$

と書けるから, (2.99)式を用いて,

$$\varphi_a(x_0, y_0, a_0) = 0 \tag{2.101}$$

が得られる. (2.98)式と(2.101)式が(2.94)式の意味するところである. ∎

　もういちど1階の非正規形方程式(2.82)に戻り, その特異解の見つけ方を述べる.

　非正規形の方程式(2.82)の一般解

$$y = \varphi(x, a) \tag{2.102}$$

が求まったとする. このとき, 方程式

$$y = f(x) \tag{2.92}$$

が曲線群(2.102)の包絡線であれば, それは(2.82)式の特異解である.

　[証明] 一般解(2.102)の解曲線を $C(a)$ と書き, その包絡線を E とする. 上と同じように, E 上の任意の点を P_0, その座標を (x_0, y_0) とする. 包絡線 E は点 P_0 である解曲線と接している. この解曲線 $C(a_0)$ は $y = \varphi(x, a_0)$ と表わされるから,

$$F(x_0, \varphi(x_0, a_0), \varphi'(x_0, a_0)) = 0 \tag{2.103}$$

が成り立つ. 点 P_0 での E と $C(a_0)$ の接線の傾きは $f'(x_0)$ と $\varphi'(x_0, a_0)$ である. $f(x_0) = y_0 = \varphi(x_0, a_0)$, $f'(x_0) = y'(x_0) = \varphi'(x_0, a_0)$ が成り立つから, (2.103)から

$$F(x_0, f(x_0), f'(x_0)) = 0 \tag{2.104}$$

この式は $y = f(x)$ が微分方程式(2.82)の解であることを意味している. ∎

　上の2つの事実をまとめて, 次の結論が導かれる.

微分方程式(2.82)の一般解が(2.95)で与えられたとき，連立方程式(2.94)は特異解を与える.

例題 2-15 この節の初めに扱った例 $(y')^2 = y \ (y \geqq 0)$ に関して，(2.94)式を用いて，$y = 0$ が特異解であることを確かめよ.

［解］ (2.94)式は

$$\varphi(x, y, a) \equiv y - \frac{1}{4}(x-a)^2 = 0$$

$$\varphi_a(x, y, a) = -\frac{1}{2}(x-a) = 0$$

となる．第2式を第1式に代入して，特異解 $y = 0$ が得られる．∎

例題 2-16 $y^2[(y')^2 + 1] = 1$ を解け.

［解］ まず一般解を求める．y' について解くと

$$y' = \pm \frac{\sqrt{1-y^2}}{y}$$

となり，変数分離形が得られる．左辺を右辺で割り，$z = y^2$ とおいて，

$$\frac{1}{2} \frac{z'}{\sqrt{1-z}} = \pm 1$$

両辺を x で積分して，一般解

$$\sqrt{1-z} = \mp(x-a)$$

が得られる．両辺を2乗し，整理をすると，

$$\varphi(x, y, a) = (x-a)^2 + y^2 - 1 = 0 \tag{2.105}$$

と書ける．この式を a で偏微分して

$$\varphi_a(x, y, a) = 2(x-a) = 0 \tag{2.106}$$

上の2つの式を連立させて，特異解

$$y = \pm 1 \tag{2.107}$$

が得られる．一般解(2.105)の解曲線は $(a, 0)$ を中心とする半径が1の円を表わし，特異解(2.107)はそれらの円の集合の包絡線を表わしている(図 2-17)．∎

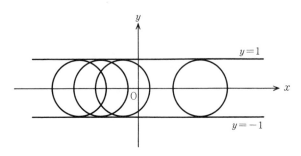

図 2-17 解曲線 $(x-a)^2+y^2=1$ と包絡線 $y=\pm1$

　これまでは非正規形の微分方程式について，一般的な考察を行なった．$F(x,y,y')$ が特殊な形をしているものの中には，それ特有の解き方が知られているものがある．その中で $F(x,y,y')=0$ が y について解かれて，

$$y = xy'+f(y')$$

$$y = xg(y')+f(y')$$

という形のものは，それぞれクレローの方程式，ラグランジュの方程式として知られている．紙数の都合で，これらの特殊な形の微分方程式は取り上げない．本書の末尾にあげた参考書[7]，[8]などでは，これらのものを含め，特殊な形をした非正規形の豊富な例が扱われている．

第2章　演習問題

[1]　次の1階の微分方程式を，変数分離法で解け．

(1)　$y' = \dfrac{x}{y}$

(2)　$y' = -\dfrac{y}{x}$

(3)　$y' = \mu y(1-y)$　　（ロジスティック方程式）

(4)　$(1+y)xy'+(1+x)y = 0$

(5)　$y'+y\tan x = 0$

(6)　$xy' = y(y-1)$

[2] 次の微分方程式を変数変換によって，変数分離形に書き直して解け．

(1) $y' + ay = bx$

(2) $y' = y + cx^2$

[3] 次の同次形微分方程式を解け．

(1) $y' = \dfrac{ay}{x}$

(2) $yy' + y = 2x$

(3) $y' = \dfrac{y^2 - x^2}{2xy}$

(4) $y' = \dfrac{x + y}{x - y}$

[4] 問題 [3] の (3) と (4) について，解曲線はどのような曲線か．

[5] 次の非斉次な1階線形方程式を解け．

(1) $y' - \alpha y = \beta e^{-\lambda x}$

(2) $y' - xy = x$

(3) $y' + \alpha xy = \beta x^3$

(4) $y' - \dfrac{y}{x} = \dfrac{\beta}{x}$

[6] 問題 [5] の2つの方程式 (2) と (4) を変数分離形に直して解け．

[7] 例題 2-8 で考えた直列 RC 回路（図 2-6）において，起電力が一定（$-\infty < t < T$ で，$E(t) = V$）の場合に，電気量 $Q(t)$ は次の線形方程式を満たす．

$$\dot{Q} + \frac{1}{RC}Q = \frac{V}{R}$$

$Q(t)$ を求めよ．

[8] 次の微分方程式は完全微分方程式であることを確かめ，解を求めよ．

(1) $(x^2 - 2y)dx + (y^2 - 2x)dy = 0$

(2) $y \sin x\, dx - \cos x\, dy = 0$

(3) $3(x^2 + x^2 y^2)dx + 2(y + x^3 y)dy = 0$

(4) $\dfrac{x}{x^2 - y^2}dx - \dfrac{y}{x^2 - y^2}dy = 0$

[9] 次の微分方程式について，積分因子を求め，解を作れ．

(1) $y\,dx - x\,dy = 0$

(2) $2y\,dx - x\,dy = 0$

(3) $(1+y^2)dx + xy\,dy = 0$

(4) $\cot y\,dx - x\,dy = 0$

[10] 次の非正規形の方程式について，一般解および特異解を求めよ．

(1) $y' = \dfrac{3}{2}(y-a)^{1/3}$

(2) $y^2(4+y'^2) = 4a^2$

[11] 問題 [10]に関して，一般解を

$$\varphi(x, y, a) = 0$$

の形に書き，連立方程式 $\varphi = 0$, $\partial\varphi/\partial a = 0$ から a を消去することにより，一般解の解曲線族の包絡線を求めよ．

3 定数係数の線形微分方程式

工学や物理学への応用では，未知関数とその導関数について1次式（線形）であるものがよく使われる．それは，基準量からのずれをyとして，yとy', y''などは微小であり，y^2, yy'などの高次の項は小さくて無視できるという考え方（**線形近似**）に基づいている．線形微分方程式の理論は数学的にもよく研究されていて，その基本的な性質はよく分かっている．

　微分方程式が未知関数yとその導関数$y, y', \cdots, y^{(n)}$について1次のもの

$$y^{(n)} + p_1(x)y^{(n-1)} + \cdots + p_n(x)y = q(x) \tag{3.1}$$

はn階の**線形微分方程式**とよばれる．その中で，係数$p_n(x)$がすべて定数であるもの

$$y^{(n)} + p_1 y^{(n-1)} + \cdots + p_n y = q(x) \tag{3.2}$$

を**定数係数**の線形微分方程式という．(3.1)式と(3.2)式において$q(x) \equiv 0$のものは**斉次**，$q(x) \not\equiv 0$のものを**非斉次**という．$q(x)$は**外力**を表わしており，広い応用がある．定数係数の方程式(3.2)の場合は簡単な方法で一般解が求まるのに対して，変数係数の方程式(3.1)に関しては一般的な解法がない，という大きな違いがある．

　この章では定数係数の場合を扱う．2階の方程式は，バネによる力学系や電気回路など，理工学への応用という面から最も重要な微分方程式である．簡単なテクニックを用いて解くことができ，その解は基本的な性質をもつ．高階の

方程式も多くの同じ性質をもち，2階の場合に用いたテクニックをすこし拡張するだけで，解が求まる．

定数係数をもつ2階の線形微分方程式

$$y'' + py' + qy = r(x) \tag{3.3}$$

を考える．p と q は実数，$r(x)$ は x の連続関数である．すでに述べたように，(3.3)式で $r(x) \equiv 0$ のとき，すなわち微分方程式

$$y'' + py' + qy = 0 \tag{3.4}$$

は斉次である．これに対して，(3.3)の方程式は非斉次である．(3.4)の方程式で特に $p=0$ のもの

$$y'' + qy = 0 \tag{3.5}$$

を**標準形**と呼ぶ．

[**例1.1**] **バネによる質点の振動**．バネにつながれた質点の運動（第1章の例2.6）は，2階の微分方程式

$$y'' + \omega^2 y = 0 \tag{3.6}$$

に従う．ここで $\omega = \sqrt{k/m}$ で，m は質点の質量，k はバネの弾性定数である．摩擦などにより質点の運動が速度に比例した抵抗を受けるときには，(3.6)式の代りに

$$y'' + \nu y' + \omega^2 y = 0 \tag{3.7}$$

が成り立つ．さらに，質点が外力 $F = mf(t)$ を受けているときには，

$$y'' + \nu y' + \omega^2 y = f(t) \tag{3.8}$$

が成り立つ．上の3つの微分方程式はどれも2階線形で，(3.6)と(3.7)は斉次，(3.8)は非斉次である．(3.6)は標準形である．▌

[**例1.2**] **電気回路の振動**．電気抵抗 R，容量 C，インダクタンス L と起電力 $E(t)$ からなる直列回路を考える（図3-1）．回路を流れる電流を $I(t)$，コンデンサーに誘起される電荷を $Q(t)$，その両端の電圧を $V(t)$ とすると，$Q(t) = CV(t)$ であり，

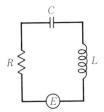

図 3-1 *LRC* 回路

$$LI'(t)+RI(t)+V(t) = E(t)$$
$$CV'(t)-I(t) = 0 \tag{3.9}$$

という関係が成り立つ．この式は I と V に対する 2 元連立の 1 階線形微分方程式である．上で，第 1 式を微分して第 2 式を用いると，V に関する 2 階の線形微分方程式

$$V''(t)+\frac{R}{L}V'(t)+\frac{1}{LC}V(t) = \frac{1}{LC}E(t) \tag{3.10}$$

が得られる．正規形の n 階の微分方程式は 1 階の n 元連立方程式へ帰着できることは，1-5 節で述べた．▌

　2 階の線形方程式(3.4)はいつでも標準形に直せる．そのためには，変数変換

$$y(x) = z(x)e^{-px/2} \tag{3.11}$$

を行なえばよい．実際，積の微分公式を用いて

$$y' = \left(z'-\frac{p}{2}z\right)e^{-px/2}, \qquad y'' = \left(z''-pz'+\frac{p^2}{4}z\right)e^{-px/2}$$

これらを(3.4)式に代入して

$$y''+py'+qy = \left[z''-pz'+\frac{p^2}{4}z+p\left(z'-\frac{p}{2}z\right)+qz\right]e^{-px/2}$$
$$= \left[z''+\left(q-\frac{p^2}{4}\right)z\right]e^{-px/2}$$

となる．$e^{-px/2}\neq0$ であるから，

$$z'' + \left(q - \frac{p^2}{4}\right)z = 0 \tag{3.12}$$

という標準形の微分方程式が得られる.

標準形の解　　標準形(3.5)の解き方を知ってさえいれば，一般の斉次方程式(3.4)の解を求めることができることが分かった．では，標準形の解を求めてみよう．三角関数と指数関数の微分公式を用いて，

$$(\sin \omega x)'' = -\omega^2 \sin \omega x, \quad (\cos \omega x)'' = -\omega^2 \cos \omega x$$

$$(e^{\pm \omega x})'' = \omega^2 e^{\pm \omega x}$$

が得られる．これらの式はそれぞれ(3.5)式で，$q>0$ または $q<0$ の場合と同じ形をしている．したがって，微分方程式(1.3)の解は，

（I）　$q>0$ のとき．$q=\omega^2$ とおいて，

$$y = \sin \omega x \quad \text{または} \quad y = \cos \omega x$$

（II）　$q<0$ のとき．$q=-\omega^2$ とおいて，

$$y = e^{\omega x} \quad \text{または} \quad y = e^{-\omega x}$$

（III）　$q=0$ のとき．(3.5)式は

$$y'' = 0$$

となる．この2階の微分方程式は直ちに積分できて，その一般解は

$$y = a + bx$$

となる．

（I）の場合は y は単振動を行ない，（II）の場合は y は指数関数的に増大また

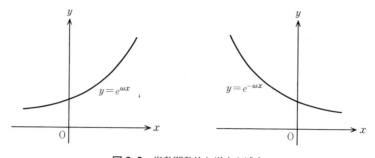

図 3-2　指数関数的な増大と減少

は減少する（図3-2）.

解の線形性　斉次な線形微分方程式は次のような基本的な性質をもつ.

$y_1(x), y_2(x)$ を斉次方程式（3.4）の2つの解とすると，それらの1次結合

$$y(x) = c_1 y_1(x) + c_2 y_2(x) \tag{3.13}$$

もまた（3.4）式の解である.　ここで c_1, c_2 は定数である.　この性質は解の

重ね合わせの原理ともいい，波の運動などでよく知られている.

[証明]　和の微分の公式を用いればよい.

$$y' = (c_1 y_1 + c_2 y_2)' = c_1 y_1' + c_2 y_2'$$

$$y'' = (c_1 y_1 + c_2 y_2)'' = c_1 y_1'' + c_2 y_2''$$

を（3.4）式に代入して，

$$y'' + py' + qy = c_1(y_1'' + py_1' + qy_1) + c_2(y_2'' + py_2' + qy_2) = 0$$

が得られる.　■

複素指数関数　上の（I）と（II）で見たように，定数 q の値が正か負かによって解の形が異なる.　じつは，指数関数 $e^{\rho x}$ を複素関数へと拡張することにより，これらの2つの場合を統一的に扱うことができるのである.

複素指数関数 $e^{\rho x}$ に対して，実数関数の場合と同じ微分公式が成り立つ.　1階および2階微分に関しては，

$$(e^{\rho x})' = \rho e^{\rho x}$$

$$(e^{\rho x})'' = \rho^2 e^{\rho x} \tag{3.14}$$

（3.14）式を（3.5）式と比べると，標準形の解が直ちに求められる.

$$y = e^{\rho x} \quad または \quad y = e^{-\rho x} \tag{3.15}$$

ただし，（I）$q = \omega^2 > 0$ のときは，$\rho = i\omega$ で虚数，（II）$q = -\omega^2 < 0$ のときは，$\rho = \omega$ で実数となる.　解の線形性（（3.13）式）により，$\omega \neq 0$ のとき，（3.15）の2つの解の1次結合

$$y = Ae^{\rho x} + Be^{-\rho x}$$

は標準形（3.5）の解である.

以上をまとめると，（3.5）式の一般解は

（I）　$q = \omega^2 > 0$ のとき

$$y = \frac{1}{2}(a-ib)e^{i\omega x} + \frac{1}{2}(a+ib)e^{-i\omega x}$$

$$= a\cos \omega x + b\sin \omega x \tag{3.16}$$

(Ⅱ)　$q = -\omega^2 < 0$ のとき

$$y = ce^{\omega x} + de^{-\omega x} \tag{3.17}$$

微分方程式(3.5)において，係数は実数とした．したがって，解も実関数のものを求める．上で，(Ⅱ)の2つの解 $e^{\omega x}, e^{-\omega x}$ は実関数であり，それらの係数 c, d は実数にとった．一方，(Ⅰ)の2つの解 $e^{i\omega x}, e^{-i\omega x}$ は互いに共役な複素関数である．したがって，解 y が実関数となるように，それらの係数を互いに**複素共役**，$A = a - ib$，$B = A^* = a + ib$，にとった．

例題 3-1　バネによる質点の振動の方程式(3.6)を解き，その運動の性質を調べよ．

［解］　一般解は，(3.16)式により，

$$y(t) = a\cos \omega t + b\sin \omega t$$

となる．初期条件として，$t=0$ での質点の位置を y_0，その速度を v_0 とすると，

$$y_0 = y(0) = a, \qquad v_0 = y'(0) = b\omega$$

これらの値を上の式に代入して，

$$y = y_0 \cos \omega t + \frac{v_0}{\omega} \sin \omega t$$

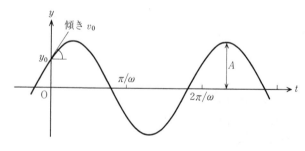

図 3-3　単振動 $y = A\sin(\omega t + \phi)$

$$= A \sin(\omega t + \phi) \tag{3.18}$$

が得られる. ここで

$$A = \sqrt{y_0^2 + \frac{v_0^2}{\omega^2}}, \quad \tan \phi = \frac{\omega y_0}{v_0}$$

第1章の例3.5ですでに学んだように, 上の解は周期が $2\pi/\omega$ の単振動を表わし, A は振幅, ϕ は初期位相である(図 3-3). ∎

3-2　2階の斉次方程式の一般解

特性方程式　　複素指数関数を用いると, 一般の斉次微分方程式(3.4)の解も簡単に求まる.

$$y = e^{\rho x} \tag{3.19}$$

とおいて, (3.4)式に代入すると,

$$(\rho^2 + p\rho + q)e^{\rho x} = 0$$

が得られる. $e^{\rho x} \neq 0$ であるから, 上の式は

$$\varphi(\rho) \equiv \rho^2 + p\rho + q = 0 \tag{3.20}$$

を意味する. この式は2次方程式であり, 2つの根をもつ.

$$\rho_1 = \frac{1}{2}(-p + \sqrt{p^2 - 4q}), \quad \rho_2 = \frac{1}{2}(-p - \sqrt{p^2 - 4q}) \tag{3.21}$$

それらに対応して, 微分方程式(3.4)の解が2つ求まる.

$$y_1 = e^{\rho_1 x}, \quad y_2 = e^{\rho_2 x} \tag{3.22}$$

これらの2つの解の1次結合, 定数倍とその和や差もまた(3.4)式の解である. 2次方程式(3.20)は微分方程式(3.4)の**特性方程式**(characteristic equation)と呼ばれる.

例題 3-2　次の2階の斉次方程式の解を求めよ.

$$y'' - 3y' + 2y = 0 \tag{3.23}$$

[解]　$y = e^{\rho x}$ とおいて, 特性方程式

$$\varphi(\rho) \equiv \rho^2 - 3\rho + 2 = (\rho - 2)(\rho - 1) = 0$$

が得られる．この2次方程式の根は $\rho=2$ と $\rho=1$ で，それらに対応して，微分方程式(3.23)の2つの解が得られ，それらの1次結合

$$y = ae^{2x} + be^x$$

が一般解である．∎

重根の場合　特性方程式(3.20)が重根 $\rho_1=\rho_2$ をもつときには，2つの解(3.22)はただ1つの解しか与えない．もう1つの解を見つけるためには次のようにする．p と q の値をすこしだけ変えて，ρ_1 の値は元のままで，ρ_2 の値を ρ_1 から微小量 $\varDelta\rho$ だけ異なるようにする．$\rho_2=\rho_1+\varDelta\rho$. 解の線形性により，差 y_2-y_1，またそれを定数 $\varDelta\rho$ で割ったもの

$$y_3 = \frac{y_2 - y_1}{\varDelta\rho} \tag{3.24}$$

も微分方程式(3.4)の解となる．p と q の値を元の値に近づけると，$\varDelta\rho$ は0に近づき，(3.24)式は y_1 の ρ_1 についての微分を定義する式となる．したがって，新しい解

$$y_3 = \frac{\partial e^{\rho_1 x}}{\partial \rho_1} = xe^{\rho_1 x} \tag{3.25}$$

が得られる．

以上をまとめると，斉次方程式(3.4)の一般解は

（i）　$\rho_1 \neq \rho_2$ のとき（$p^2 \neq 4q$ のとき）

$$y = Ae^{\rho_1 x} + Be^{\rho_2 x} \tag{3.26}$$

（ii）　$\rho_1 = \rho_2 = \rho$ のとき

$$y = (a+bx)e^{\rho x} \tag{3.27}$$

どちらの場合も解は2つの任意定数を含んでいる．1-4節で述べたことにより，これらの解は微分方程式(3.4)の一般解である．

（ii′）　$\rho_1 = \rho_2 = 0$ のとき（$p=q=0$ のとき）

$$y = a + bx \tag{3.28}$$

は特別な場合として(ii)に含まれる．

例題 3-3　次の2階の斉次方程式の解を求めよ．

$$y'' - 2y' + y = 0 \tag{3.29}$$

［解］ $y = e^{\rho x}$ とおいて，特性方程式

$$\varphi(\rho) = \rho^2 - 2\rho + 1 = (\rho - 1)^2 = 0$$

が得られる．この2次方程式は重根 $\rho = 1$ をもつ．この根に対応する(3.29)式の解は $y_1 = e^x$，もう1つの解は，$y_1 = e^{\rho_1 x}$ とおいて，$y_3 = (\partial y_1 / \partial \rho_1)_{\rho_1 = 1} = x e^x$. これらの2つの解の1次結合

$$y = (a + bx)e^x$$

が微分方程式(3.29)の一般解を与える．∎

固有振動と減衰　上で，(i)の場合は，特性方程式(3.20)の2つの根が実か複素かにより，さらに2つに分けられる．

(ia)　ρ_1 と ρ_2 が複素の場合

$$\omega^2 \equiv q - \frac{p^2}{4} > 0 \tag{3.30}$$

とおいて（ω は正の実数にとる），

$$\rho_1 = -\frac{p}{2} + i\omega, \quad \rho_2 = -\frac{p}{2} - i\omega \tag{3.31}$$

(3.26)式で，y が実関数となるように，$A = B^* = (a - ib)/2$ とおく．

$$\begin{aligned}
y &= \frac{1}{2}(a - ib)e^{\rho_1 t} + \frac{1}{2}(a + ib)e^{\rho_2 t} \\
&= e^{-pt/2}(a\cos\omega t + b\sin\omega t) \\
&= A e^{-pt/2}\sin(\omega t + \phi)
\end{aligned} \tag{3.32}$$

ただし，

$$A = \sqrt{a^2 + b^2}, \quad \tan\phi = \frac{a}{b}$$

(3.32)式は2つの因子からなる．$A\sin(\omega t + \phi)$ は周期が $2\pi/\omega$ の単振動を表わす．$e^{-pt/2}$ は振幅が指数関数的に減少（$p > 0$）または増大（$p < 0$，負の抵抗）していくことを示し，$p/2$ は減衰の速さを特徴づける．(3.32)式は**減衰振動**（$p > 0$）と呼ばれる．その様子を図3-4に示す（図では $\phi = 0$）．

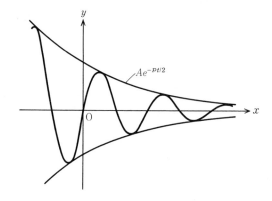

図 3-4 減衰振動

$p=0$ という特別な場合には，2つの根は純虚数となり，$\rho_1=-\rho_2=i\omega$ である．（3.32)式は

$$y = A \sin(\omega t + \phi)$$

となり，単振動を表わす（例題 3-1）.

バネによる振動への応用では，q はバネ定数，p は**抵抗係数**である．普通は p^2 は q に比べて小さい．したがって，減衰振動が起きる．抵抗があると，（3.30)式より $\omega < \sqrt{q}$ となり，その周期 $2\pi/\omega$ は調和振動のもの $2\pi/\sqrt{q}$ より大きくなる．

解(3.32)の2つのパラメター A と ϕ は初期条件から決まる．初期条件を

$$y(0) = y_0, \quad y'(0) = v_0$$

とすれば，

$$A \sin \phi = y_0, \quad A \omega \cos \phi = v_0 + \frac{p}{2} y_0$$

（ib) ρ_1 と ρ_2 が実数の場合

$$\omega^2 \equiv \frac{p^2}{4} - q \geqq 0 \qquad (3.33)$$

とおいて，

$$\rho_1 = -\frac{p}{2} + \omega, \quad \rho_2 = -\frac{p}{2} - \omega \quad （\omega は正とする）$$

(3.2)式で，A と B を実数として，一般解は

$$y = (ae^{\omega t} + be^{-\omega t})e^{-pt/2} \tag{3.34}$$

$p > 0$，$q > 0$ の場合を考える．時間が十分経って t が非常に大きくなったときの $y(t)$ の様子を調べる．(3.34)式の括弧の中で，第2項は無視できるから，

$$y \cong ae^{-(p/2-\omega)t} = ae^{\rho_1 t} \tag{3.35}$$

$\rho_1 < 0$ であるから，$y(t)$ は t とともに指数関数的に減少する（図3-5）．これを**過減衰**という．

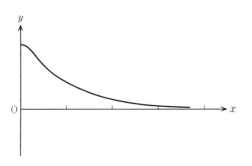

図 3-5　過減衰

　初期条件を $y(0) = y_0$，$y'(0) = v_0$ で与えれば，2つの定数 a, b は

$$a + b = y_0, \quad \omega(a - b) = v_0 + \frac{1}{2}py_0$$

から決まる．

　(ii)の ρ_1 と ρ_2 が重根の場合は

$$\omega^2 \equiv q - \frac{p^2}{4} = 0 \tag{3.36}$$

にあたる．一般解

$$y = (a + bt)e^{-pt/2} \tag{3.37}$$

は，(3.32)式と(3.34)式の境の振舞いを示す．(3.32)式で，周期 $2\pi/\omega$ が無限に大きくなった極限とみなすことができる（図3-6）．この振舞いを**臨界減衰**という．

　1次独立　　斉次微分方程式(3.4)式の一般解は2つの解の1次結合

$$y = Ae^{\rho_1 x} + Be^{\rho_2 x}$$

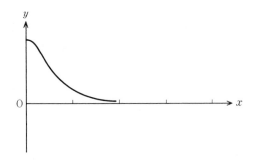

図 3-6 臨界減衰

で与えられることを説明した．この解が一般解となるのは，2つの解

$$y_1(x) = e^{\rho_1 x}, \qquad y_2(x) = e^{\rho_2 x} \qquad (3.38)$$

が異なるから，正確には，互いに1次独立だからである．その意味は以下のとおりである．

　2つの実関数 $u_1(x)$ と $u_2(x)$ が互いに1次独立であるとは，$u_1(x)$ と $u_2(x)$ が関数として比例関係にない，すなわち，決して

$$u_1(x) = C u_2(x) \qquad (3.39)$$

と書けないことを意味する．逆に $u_1(x)$ と $u_2(x)$ が比例関係にあるとき，すなわち(3.39)式が成り立つとき，$u_1(x)$ と $u_2(x)$ は互いに**1次従属**である，あるいは互いに1次独立でないという．

この定義から次のことがいえる．

　2つの実関数 $u_1(x), u_2(x)$ が互いに1次独立であるための必要十分条件は，実定数 c_1, c_2 に対して

$$c_1 u_1(x) + c_2 u_2(x) = 0 \qquad (3.40)$$

が恒等的に成り立てば，必ず $c_1 = c_2 = 0$ となることである．逆に，ある0でない定数 c_1, c_2 に対して(3.40)式が恒等的に成り立てば，2つの関数 $u_1(x), u_2(x)$ は互いに1次従属である．

例題 3-4　次の2つの関数は互いに1次独立であることを示せ．

（a）　$u_1 = \cos \omega x, \qquad u_2 = \sin \omega x$

（b）　$u_1 = e^{\rho x}, \qquad u_2 = x e^{\rho x}$

［解］ $u_1/u_2 \neq$ 定数 であることを示せばよい.

(a) $\dfrac{u_1}{u_2} = \cot \omega x \neq$ 定数

(b) $\dfrac{u_1}{u_2} = \dfrac{1}{x} \neq$ 定数　∎

基本系　　以上をまとめると, 次のような定義を得る.

斉次な2階の方程式(3.4)の任意の解は, その1次独立な2つの解 y_1, y_2,
例えば(3.38)式, の1次結合として表わされる.

$$y(x) = c_1 y_1(x) + c_2 y_2(x) \tag{3.41}$$

このような互いに1次独立な2つの解の組を**基本系**(または基本解)と呼ぶ.

解(3.41)は2つの任意定数をもち, 一般解である. 任意の解が一般解に含まれるから, 微分方程式(3.4)は特異解をもたない.

例題 3-5　標準系(3.5)の微分方程式に関して, $q < 0$ の場合の基本系を求めよ.

［解］　3-1節では, 標準形の2つの解として

$$y_1 = e^{\omega x}, \qquad y_2 = e^{-\omega x} \tag{3.42}$$

をとった. $y_1/y_2 = e^{2\omega x} \neq$ 定数 であり, (2.27)は基本系である. y_1, y_2 からそれらの1次結合

$$w_1 = \frac{1}{2}(y_1 + y_2) = \cosh \omega x$$

$$w_2 = \frac{1}{2}(y_1 - y_2) = \sinh \omega x$$

を作ると, $w_1/w_2 = \coth \omega x \neq$ 定数 であるから, これらもまた基本系である. ∎

上の例からも分かるように, 基本系の選び方には任意性がある. この点をもうすこし詳しく考察してみよう. 斉次方程式(3.4)に関して, $y_1(x), y_2(x)$ をその基本系とする. したがって, $y_1/y_2 \neq$ 定数. y_1, y_2 の1次結合

$$w_1 = a y_1 + b y_2, \qquad w_2 = c y_1 + d y_2 \tag{3.43}$$

を作る. w_1, w_2 が基本系でないとする. このときには

$$\frac{w_1}{w_2} = \frac{ay_1 + by_2}{cy_1 + dy_2} = C = 定数$$

となり,

$$(a - Cc)y_1 + (b - Cd)y_2 \equiv 0$$

が恒等的に成り立つ. y_1 と y_2 の係数は 0 でなければならないから, $C = a/c = b/d$. このような定数 C が存在するためには $ad - bc = 0$ が成り立つことが必要である. 逆に

$$ad - bc \neq 0 \tag{3.44}$$

であれば, $w_1/w_2 \neq$ 定数 となり, w_1, w_2 は基本系である.

2次元線形空間　(3.41)式は, 基本系 (y_1, y_2) を 1 つ定めたとき, 任意の解 y が 2 つの係数 c_1, c_2 で表わされることを意味する. これは, 2 次元平面で座標系 $(\boldsymbol{i}, \boldsymbol{j})$ を 1 つ定めたとき, 任意の点 $\boldsymbol{r}$ が 2 つの係数 c, d を用いて,

$$\boldsymbol{r} = c\boldsymbol{i} + d\boldsymbol{j}$$

と表わされるのと似ている. この意味で, (3.41)式 $y = c_1 y_1 + c_2 y_2$ の (y_1, y_2) は 2 次元座標系と解釈できる(図3-7).

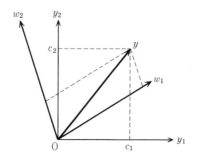

図3-7

この幾何学的な解釈では, (3.43)式は 2 次元実線形空間での座標変換を表わしている. ベクトルの言葉を用いると,

$$\begin{pmatrix} y_1 \\ y_2 \end{pmatrix} = A \begin{pmatrix} w_1 \\ w_2 \end{pmatrix}, \qquad A = \begin{pmatrix} a & b \\ c & d \end{pmatrix}$$

と表わされる. 2×2 行列 A は座標変換の行列で, その行列式 $|A|$ をヤコビアン(Jacobian)という. 新しい座標系 (w_1, w_2) も基本系であるための条件

(3.44)を $|A| \neq 0$ と書くことができ，これは行列 A が正則であることを意味している．

　上に述べた幾何学的な解釈は2階の斉次方程式(3.4)の解全体が，2次元の**実線形空間**とみなせることを意味している．5-3節でこの点についてもうすこし正確な考察を行なう．

3-3　2階の非斉次方程式

3-1節で述べたように，斉次方程式(3.4)

$$y'' + py' + qy = 0 \tag{3.45}$$

に対しては，その基本系が簡単に求まる．この節ではそれらを $z_1(x), z_2(x)$ と書く．以下で示すように，この基本系を用いて，非斉次方程式

$$y'' + py' + qy = r(x) \tag{3.46}$$

の解を求める簡単な手順を説明しよう．

　まず，非斉次方程式(3.46)の解と斉次方程式(3.45)の関係を調べる．非斉次方程式の1つの特殊解を $Y(x)$ とする．すなわち，$Y(x)$ は

$$Y'' + pY' + qY = r(x) \tag{3.47}$$

を満たす．いま，非斉次方程式の解 y を

$$y = z + Y \tag{3.48}$$

と書いて，新しい未知関数 z を導入する．(3.46)式から

$$z'' + pz' + qz + Y'' + pY' + qY = r(x)$$

が得られる．(3.47)式に注意すれば，

$$z'' + pz' + qz = 0 \tag{3.49}$$

すなわち，z は(3.45)式に対応する斉次方程式を満たす．その一般解は(3.41)式のように基本系 z_1, z_2 で表わされるから，y は

$$y = c_1 z_1(x) + c_2 z_2(x) + Y(x) \tag{3.50}$$

と表わされる．ただし，c_1, c_2 は任意の定数である．これから次の結論が得られる．

　2階の非斉次方程式(3.46)の任意の解は，その1つの特殊解 $Y(x)$ と，

(3.46)式に対応する斉次方程式(3.49)の一般解の和として, (3.50)式で与えられる.

定数変化法　斉次方程式(3.49)の基本系が求まれば, ラグランジュ (Lagrange)の定数変化法を用いて, 1つの特殊解が求まり, したがって, (3.46)式の一般解が得られる. 次のように進めばよい.

(3.49)式の基本系を $z_1(x), z_2(x)$ として,

$$y = u_1(x)z_1 + u_2(x)z_2 \tag{3.51}$$

とおく. 斉次方程式のときは u_1 と u_2 は任意の定数であったものを, ここでは x の関数へ昇格させる. 特殊解を1つ求めればよいのだから, 2つの関数 u_1, u_2 は必要でなく, それらの間に条件を1つおいてよい. 普通は

$$u_1'(x)z_1 + u_2'(x)z_2 = 0 \tag{3.52}$$

とおく. (3.51),(3.52)式を微分して,

$$y = u_1 z_1 + u_2 z_2$$
$$y' = u_1 z_1' + u_2 z_2' + \underline{u_1' z_1 + u_2' z_2}$$
$$y'' = u_1 z_1'' + u_2 z_2'' + 2(u_1' z_1' + u_2' z_2') + u_1'' z_1 + u_2'' z_2$$
$$0 = u_1' z_1' + u_2' z_2' + u_1'' z_1 + u_2'' z_2$$

これらを(3.46)式に代入して,

$$y'' + py' + qy = u_1(z_1'' + pz_1' + qz_1) + u_2(z_2'' + pz_2' + qz_2) + u_1' z_1' + u_2' z_2'$$
$$= r(x) \tag{3.53}$$

z_1, z_2 は斉次方程式の解であり, 右辺の第1項と第2項は消える. (3.52)式と (3.53)式を合わせて, u_1', u_2' に対する2元連立方程式が得られる.

$$z_1 u_1' + z_2 u_2' = 0$$
$$z_1' u_1' + z_2' u_2' = r(x)$$

この代数方程式は線形代数の初歩の知識だけで解ける.

$$W(z_1, z_2) \equiv z_1 z_2' - z_2 z_1' = \begin{vmatrix} z_1 & z_2 \\ z_1' & z_2' \end{vmatrix} \tag{3.54}$$

とおくと,

$$\frac{du_1}{dx} = -\frac{z_2 r}{W(z_1, z_2)}, \quad \frac{du_2}{dx} = \frac{z_1 r}{W(z_1, z_2)} \tag{3.55}$$

行列式 $W(z_1, z_2)$ はロンスキアン（Wronskian）と呼ばれる． W は1階の微分方程式を満たすことが分かる．(3.54)式を微分して，

$$W' = z_1 z_2'' - z_2 z_1'' = -z_1(p z_2' + q z_2) + z_2(p z_1' + q z_1)$$
$$= -p(z_1 z_2' - z_2 z_1')$$
$$= -pW \tag{3.56}$$

この微分方程式は1階の変数分離形であるから直ちに解けて (2-1 節)，$\int dW/W = \log|W| = -px + C$． ここで C は定数．両辺の指数関数をとって，

$$W(z_1(x), z_2(x)) = W_0 e^{-px} \tag{3.57}$$

ここで，$W_0 = W(z_1(0), z_2(0))$． この式を(3.55)式に代入し，x について積分して，

$$u_1(x) = -\frac{1}{W_0} \int^x dx' e^{px'} r(x') z_2(x') + a_1$$
$$u_2(x) = \frac{1}{W_0} \int^x dx' e^{px'} r(x') z_1(x') + a_2 \tag{3.58}$$

この式を(3.51)式に代入すれば特殊解が得られる．以上をまとめると，

　2階の非斉次方程式(3.46)の一般解 y は，(3.50)式のように2つの部分からなり，特殊解 $Y(x)$ は

$$Y(x) = -\frac{1}{W_0} \int^x dx' e^{px'} r(x') (z_1(x) z_2(x') - z_2(x) z_1(x')) \tag{3.59}$$

　で与えられる．

(3.59)式を書くときに，(3.58)式に現われた定数 a_1, a_2 は(3.50)式の z_1, z_2 の係数 c_1, c_2 の再定義に吸収された．

　例題 3-6　標準形の非斉次方程式

$$y'' + \omega^2 y = r(x) \tag{3.60}$$

に対して，特殊解 $Y(x)$ の表式を書け．

　［解］　(3.60)式に対応する斉次方程式は $z'' + \omega^2 z = 0$． その基本系として

$$z_1 = \cos \omega x, \qquad z_2 = \sin \omega x$$

をとる．$p = 0$ であるから，W は定数になる．実際，ロンスキアンを計算する

と,

$$W(z_1, z_2) = \begin{vmatrix} \cos \omega x & \sin \omega x \\ -\omega \sin \omega x & \omega \cos \omega x \end{vmatrix} = \omega$$

次に,

$$z_1(x)z_2(x') - z_2(x)z_1(x') = \cos \omega x \sin \omega x' - \sin \omega x \cos \omega x'$$
$$= -\sin \omega(x - x')$$

上の2つの式を(3.59)式に代入して,

$$Y(x) = \frac{1}{\omega} \int^x dx' r(x') \sin \omega(x - x') \qquad \blacksquare$$

3-4 特別な形の非斉次項

実際の応用例では,非斉次項 $r(x)$ は簡単な関数形の場合が多い.そういう場合には,定数変化法によらず,**代入法**を用いて特殊解を見い出すことができる.臨機応変にいろいろな解法を試してみるという姿勢が大事である.

例題 3-7 次の非斉次方程式の一般解を求めよ.

$$y'' - 2y' + y = x \qquad (3.61)$$

[解] まず,代入法で特殊解を探す.y, y', y'' の1次結合が x になるのであるから,特殊解は x の多項式であると予想される.試みに,y を x の2次式としてみる.

$$y = ax^2 + bx + c$$

この式を(3.61)式に代入して,

$$左辺 = 2a - 2(2ax + b) + ax^2 + bx + c$$
$$= ax^2 + (b - 4a)x + 2a - 2b + c$$

(3.61)式の両辺で x^2 の項を比べて,$a=0$ が得られる.初めから x の1次式を考えてもよかったのである.同様にして,$b=1$,$c=2$ が得られる.したがって,求める特殊解 $Y(x)$ は

$$Y = x + 2 \qquad (3.62)$$

斉次方程式の基本系に関しては，特性方程式

$$\rho^2 - 2\rho + 1 = (\rho - 1)^2 = 0$$

は重根 $\rho_1 = \rho_2 = 1$ をもつ．(3.27)式により，一般解は

$$z = (a + bx)e^x \tag{3.63}$$

非斉次方程式(3.61)の一般解は(3.62)と(3.63)の和である．∎

　特殊解の関数形の選び方は非斉次項 $r(x)$ の形による．以下では典型的な例をいくつか示す．その前に，次の一般的な性質を述べておく．非斉次項が2つの項の和，$r = r_1 + r_2$ であるとする．f_1 と f_2 が非斉次項 r_1 と r_2 をもつ方程式(3.46)の解であるとする．すなわち，

$$f_1'' + pf_1' + qf_1 = r_1, \qquad f_2'' + pf_2' + qf_2 = r_2$$

とする．このとき，$y = f_1 + f_2$ が(3.46)式の解である．

　指数関数型の非斉次項　　次の非斉次方程式を考える．

$$y'' + py' + qy = ae^{\omega x} \tag{3.64}$$

特殊解は非斉次項と同じ形という予想の下で，

$$y = be^{\omega x} \tag{3.65}$$

を試してみる．この式を(3.64)式に代入し，両辺を $e^{\omega x}$ で割って，

$$\varphi(\omega)b = a \tag{3.66}$$

を得られる．ここで

$$\varphi(\omega) \equiv \omega^2 + p\omega + q \tag{3.67}$$

である．$\varphi(\omega) \neq 0$ であれば，すなわち ω が特性方程式(3.20)の根と一致していないときには，(3.66)式から b が決まり，

$$b = \frac{a}{\varphi(\omega)}$$

したがって，特殊解(3.65)が求まった．

　ω が特性方程式(3.20)の根と一致しているときには，$\varphi(\omega) = 0$ となり，(3.66)式を満たす b はない．(3.65)式とは別の形を探すことが必要となる．

　ω が(3.20)式の単根であるときには，(3.27)式との類推から，

$$y = bxe^{\omega x} \tag{3.68}$$

を試してみる．こんどは

$$y'' + py' + qy = bx\varphi(\omega)e^{\omega x} + b(2\omega + p)e^{\omega x}$$
$$= b(\varphi(\omega)x + \varphi'(\omega))e^{\omega x}$$
$$= ae^{\omega x} \tag{3.69}$$

ω は(3.20)式の単根であるから，$\varphi(\omega) = 0$，$\varphi'(\omega) \neq 0$．(3.69)式の両辺を $e^{\omega x}$ で割り，

$$b\varphi'(\omega) = a \tag{3.70}$$

が得られる．b が決まり，特殊解(3.68)が得られた．

上の手順の延長として，ω が(3.20)式の重根であるときには，

$$y = bx^2 e^{\omega x} \tag{3.71}$$

とおく．これを微分方程式(3.64)に代入して，

$$y'' + py' + qy = b(\varphi(\omega)x^2 + \varphi'(\omega)x + 2)e^{\omega x}$$
$$= ae^{\omega x}$$

両辺を $e^{\omega x}$ で割り，$\varphi(\omega) = \varphi'(\omega) = 0$ に注意すると，

$$2b = a$$

が得られ，特殊解(3.71)が求まった．

多項式の非斉次項　こんどは非斉次項が多項式の場合を考える．

$$y'' + py' + qy = P_n(x) \tag{3.72}$$

$P_n(x)$ は x の n 次多項式である．簡単のため，$n = 2$ の場合を扱い，

$$P_2(x) = a_0 x^2 + a_1 x + a_2 \tag{3.73}$$

とする．例題 3-7 を思い出せば，特殊解の形として 2 次式

$$y = b_0 x^2 + b_1 x + b_2 \equiv Q_2(x) \tag{3.74}$$

が想定される．(3.72)式で，

$$左辺 = 2b_0 + p(2b_0 x + b_1) + q(b_0 x^2 + b_1 x + b_2)$$
$$= qb_0 x^2 + (2pb_0 + qb_1)x + 2b_0 + pb_1 + qb_2$$

を(3.73)式と比べると，x^2, x, x^0 の項について

$$qb_0 = a_0$$
$$2pb_0 + qb_1 = a_1$$
$$2b_0 + pb_1 + qb_2 = a_2 \tag{3.75}$$

が得られる．この 3 元の連立方程式を解いて，3 つの係数 b_0, b_1, b_2 が決まる．

$$b_0 = \frac{a_0}{q}, \qquad b_1 = \frac{a_1}{q} - \frac{2pa_0}{q^2}$$

$$b_2 = \frac{a_2}{q} - \frac{pa_1}{q^2} + 2\Big(\frac{p^2}{q^3} - \frac{1}{q^2}\Big)a_0$$

これらの値を(3.74)式に代入すれば $Q_2(x)$ が決まり，特殊解(3.75)が決まる．

上で述べた手順は n が2より大きい場合に拡張できる．特殊解の形として n 次の多項式をとる．

$$y = b_0 x^n + b_1 x^{n-1} + \cdots + b_n \equiv Q_n(x) \tag{3.76}$$

この表式を微分方程式(3.72)に代入し，左辺と右辺で x の k 次の項（$k = n, \cdots$ 1, 0）を比べる．$n+1$ 個の未知数 $b_0, b_1, \cdots, b_n$ に対して，$n+1$ 元の連立方程式が得られる．この方程式を解くと，$b_0, b_1, \cdots, b_n$ が $a_0, a_1, \cdots, a_n$ で表わされる．$Q_n(x)$ が決まり，解(3.76)が決まる．

非斉次項が多項式×指数関数の場合　　もうすこし一般の形，非斉次項が

$$y'' + py' + qy = r(x) \equiv P_n(x)e^{\omega x} \tag{3.77}$$

という形をしている場合を考える．$P_n(x)$ は x の n 次多項式である．ここでは証明は省き，結果について述べる．どの結果も，前2項での考察から類推できる．

ω が特性方程式(3.20)の根でないときには，

$$y = Q_n(x)e^{\omega x} \tag{3.78}$$

の形の特殊解を求める．$Q_n(x)$ は $P_n(x)$ と同じ次数 n の多項式であり，$n+1$ 個の係数 b_k を含む．この表式を微分方程式(3.77)に代入すると，係数 b_k に対する $n+1$ 元の連立方程式が得られる．この方程式から b_k が定まり，特殊解(3.78)が求まる．

もし ω が特性方程式(3.20)の根であるときには，ω が単根か重根であるかにより，

$$y = xQ_n(x)e^{\omega x}, \qquad y = x^2 Q_n(x)e^{\omega x} \tag{3.79}$$

の形の特殊解を求める．

例題 3-8　次の非斉次方程式の特殊解を求めよ．

$$y'' - y = xe^{\omega x} \tag{3.80}$$

[解] 上での説明に基づき,

$$y = (ax+b)e^{\omega x}$$

とおく. この表式を(3.80)式に代入して,

$$\text{左辺} = (ax+b)\omega^2 e^{\omega x} + 2a\omega e^{\omega x} - (ax+b)e^{\omega x}$$
$$= (a(\omega^2-1)x + b(\omega^2-1) + 2a\omega)e^{\omega x}$$

ω が特性方程式 $\varphi(\omega) \equiv \omega^2 - 1 = 0$ の根でないときには, (3.80)式から,

$$\varphi(\omega)a = 1, \qquad \varphi(\omega)b + \varphi'(\omega)a = 0$$

したがって, $a = 1/\varphi(\omega)$, $b = -\varphi'(\omega)/\varphi(\omega)^2$ となり, 特殊解が求まった. ▌

正弦型の非正次項と共鳴現象　　応用上は非斉次項は外力を表わしており, この外力が時間の正弦関数であることが多い. 以下では時間を t で表わす.

[例4.1]　(a)　バネによる質点の振動に外から正弦型の力が加わると, その運動は

$$y'' + \omega^2 y = A\sin(\Omega t + \phi) \tag{3.81}$$

で表わされる(例1.1を見よ).

(b)　LCR と正弦型の起電力からなる直列回路を考える(例1.2). コンデンサーの両端電圧 $V(t)$ は2階の微分方程式

$$V''(t) + pV'(t) + qV(t) = A\sin(\Omega t + \phi) \tag{3.82}$$

を満たす. ここで, $p = R/L$, $q = 1/LC$, $A = E_0 q$, E_0 は起電力である. 抵抗がない回路では,

$$V'' + qV = A\sin(\Omega t + \phi) \tag{3.83}$$

となる.

どちらの場合も, 単振動が外力の振動項の影響を受けるので, **強制振動**と呼ばれる. ▌

例題 3-9　強制振動の微分方程式

$$y'' + \omega^2 y = A\sin(\Omega t) \tag{3.84}$$

を解き, その解の性質を調べよ.

［解］ （3.84)式に対応する斉次方程式 $z'' + \omega^2 z = 0$ の一般解は

$$z(t) = a \cos \omega t + b \sin \omega t$$

となる(例題 3-1). 次に, (3.84)式の特殊解を求めるために,

$$Y = c \sin \Omega t + d \cos \Omega t \tag{3.85}$$

とおいてみる. この表式を(3.84)式に代入すると,

$$(-\Omega^2 + \omega^2)(c \sin \Omega t + d \cos \Omega t) = A \sin \Omega t$$

となる. $\omega \neq \Omega$ であれば, $d = 0$, $c = A/(\omega^2 - \Omega^2)$ となり, 特殊解が求まる.

$$Y(t) = \frac{A}{\omega^2 - \Omega^2} \sin \Omega t \tag{3.86}$$

一般解は, $y(t) = z(t) + Y(t)$ で与えられる.

初期条件のとり方はいろいろあるが, $y(0) = y'(0) = 0$ をとると,

$$a = 0, \qquad \omega b + \frac{\Omega A}{\omega^2 - \Omega^2} = 0$$

となり, 初期値解

$$y = \frac{A}{\omega^2 - \Omega^2}\left(\sin \Omega t - \frac{\Omega}{\omega} \sin \omega t\right) \tag{3.87}$$

が得られる. この解は次のような特徴を示す.

t の値が小さく, $\omega t, \Omega t \ll 1$ が成り立つ範囲では, (3.87)式の右辺は $t = 0$ のまわりでテイラー展開できて,

$$y \cong \frac{1}{6} A \Omega t^3$$

が得られる. すなわち, $y(t)$ は t^3 に比例して急激に増大する. 次に, 外力の振動数 Ω が単振動の ω に近い場合を考える. $\Omega \to \omega$ の極限では, (3.87)式は

$$y = -A \frac{\Omega}{\omega + \Omega} \frac{1}{\Omega - \omega}\left(\frac{\sin \Omega t}{\Omega} - \frac{\sin \omega t}{\omega}\right) \cong -\frac{A}{2} \frac{d}{d\omega}\left(\frac{\sin \omega t}{\omega}\right)$$

$$= -\frac{A}{2\omega^2}(\omega t \cos \omega t - \sin \omega t) \tag{3.88}$$

と近似できる. 第 1 項は振幅が t に比例して大きくなることを意味する. このような現象を**共鳴**(resonance)あるいは共振とよぶ. ▮

3-5 高階の斉次微分方程式

高階の線形微分方程式も，定数係数の場合は解を求めることが容易である．その方法と得られた解の性質は，2階の方程式の場合と同様である．くわしい証明は行なわず，2階の場合との類推を用いながら，それらについて述べる．

解の線形性　　n 階の斉次な線形微分方程式を扱うにあたり，

$$L_n(y) \equiv y^{(n)} + p_1 y^{(n-1)} + \cdots + p_n y \tag{3.89}$$

という記号を導入しておくと便利である．係数 p_k はすべて実数とする．線形微分方程式は

$$L_n(y) = 0 \tag{3.90}$$

と書かれる．記号 $L_n(y)$ は次の基本的な性質をもつ．

記号 $L_n(y)$ は y について線形である．すなわち

$$L_n(c_1 y_1 + c_2 y_2) = c_1 L_n(y_1) + c_2 L_n(y_2) \tag{3.91}$$

が成り立つ．ここで c_1, c_2 は実の定数である．

微分方程式(3.90)が線形微分方程式と呼ばれるのは，この性質による．

[証明]　(3.91)式で，左辺の各項に和の微分の公式を用いて，

$$p_k(c_1 y_1 + c_2 y_2)^{(n-k)} = c_1 p_k y_1^{(n-k)} + c_2 p_k y_2^{(n-k)}$$

この右辺は(3.91)式の右辺の各項に等しい． ∎

$L_n(y)$ の線形性から，微分方程式(3.90)が解の**線形性**をもつことが導かれる．すなわち，

y_1, y_2 を(3.90)式の解とすると，それらの1次結合

$$y(x) = c_1 y_1(x) + c_2 y_2(x)$$

もまた(3.90)式の解である．なぜなら，(3.91)式により，

$$L_n(y) = c_1 L_n(y_1) + c_2 L_n(y_2) = 0$$

が成り立つからである．

数学的には(3.89)式は，関数 $y(x)$ に L_n を演算させた結果として，別の関数 $L_n[y(x)]$ が定義される式とみなすことができる．このとき，L_n を**演算子**（作用素，operator）という．L_n は n 階の微分演算子 d^n/dx^n を含み，線形性を

もつので，n 階線形微分演算子とよばれる.

　この節と次節で述べるように，n 階の微分方程式(3.90)は n 個の互いに異なる解をもつ．$y_1, y_2, \cdots, y_m\ (m \leqq n)$ をそのような解の系とする．上で述べた性質により，それらの1次結合

$$y(x) = c_1 y_1(x) + c_2 y_2(x) + \cdots + c_m y_m(x) \tag{3.92}$$

もまた(3.90)式の解となる.

　指数関数解　　3-2節の2階の方程式の場合にならって，n 階の方程式(3.90)が指数関数解

$$y = e^{\rho x} \tag{3.93}$$

を持つと想定してみる．ρ は実数または複素数の定数である．そこで述べた微分の公式により，

$$y' = \rho e^{\rho x}, \quad y'' = \rho^2 e^{\rho x}, \quad \cdots, \quad y^{(n)} = \rho^n e^{\rho x} \tag{3.94}$$

これらを(3.90)式に代入して，

$$L_n(e^{\rho x}) = (\rho^n + p_1 \rho^{n-1} + \cdots + p_n)e^{\rho x} = 0$$

$e^{\rho x} \neq 0$ であるから，この式は

$$\varphi(\rho) \equiv \rho^n + p_1 \rho^{n-1} + \cdots + p_n = 0 \tag{3.95}$$

を意味する．逆に，ρ が n 次の代数方程式(3.95)を満たせば，$y = e^{\rho x}$ は(3.90)式の解である．(3.95)式は微分方程式(3.90)の**特性方程式**である.

　$\varphi(\rho)$ は ρ の n 次式であるから，(3.95)式は重複度も含めて n 個の根をもつ．根

$$\rho_1, \quad \rho_2, \quad \cdots, \quad \rho_n \tag{3.96}$$

がすべて単根であれば，n 個の異なる解

$$y_1 = e^{\rho_1 x}, \quad y_2 = e^{\rho_2 x}, \quad \cdots, \quad y_n = e^{\rho_n x} \tag{3.97}$$

が得られる.

　複素指数関数解　　n 個の根がすべて実数のときは，解(3.97)は実関数の解となる．根のいくつかが複素数のときは，2階の方程式のときと同じ取扱いができる．n 次方程式(3.95)は係数が実数であるから，その複素数の根は必ず互いに複素共役な組になっている((3.31)式を見よ)．いま，ρ_1 と $\rho_2 = \rho_1{}^*$ が互いに複素共役な組として，$\rho_1 = \mu_1 + i\nu_1$ とおく．2つの複素な解 $e^{\rho_1 x}, e^{\rho_2 x}$ の1次

結合から，2つの実数解が得られる．

$$y_1 \equiv \frac{1}{2}(e^{\rho_1 x} + e^{\rho_1^* x}) = e^{\mu_1 x} \cos \nu_1 x$$

$$y_2 \equiv -\frac{i}{2}(e^{\rho_1 x} - e^{\rho_1^* x}) = e^{\mu_1 x} \sin \nu_1 x$$

より一般に，n 個の根(3.96)の中に $2l$ 個の複素数根があるとする．

$$\rho_1, \ \rho_1^*, \ \cdots, \ \rho_{2l-1}, \ \rho_{2l-1}^* \text{ は複素数}$$
$$\rho_{2l+1}, \ \cdots, \ \rho_n \text{ は実数} \tag{3.98}$$

とする．上と同じ処方により，$2l$ 個の複素数解から，$2l$ 個の実数解が作れる．以上をまとめて，n 個の単根(3.98)に対応して，n 個の実数解が得られる．

$$y_1 = e^{\mu_1 x} \cos \nu_1 x, \ y_2 = e^{\mu_1 x} \sin \nu_1 x, \ \cdots,$$
$$y_{2l-1} = e^{\mu_l x} \cos \nu_l x, \ y_{2l} = e^{\mu_l x} \sin \nu_l x \ ; \tag{3.99}$$
$$y_{2l+1} = e^{\rho_{2l+1} x}, \ \cdots, \ y_n = e^{\rho_n x}$$

関数の1次独立性　　n 個の実数解(3.99)，あるいは n 個の複素解(3.97)がすべて異なるというとき，次のことを意味する．まず，3-2節で定義した2つの関数の間の互いに1次独立という関係を，n 個の関数へと拡張することが必要となる．

　　n 個の実関数 $u_1(x), u_2(x), \cdots, u_n(x)$ が与えられたとき，すべてが0ではないどんな実の定数 $c_1, c_2, \cdots, c_n$ を選んでも

$$c_1 u_1(x) + c_2 u_2(x) + \cdots + c_n u_n(x) = 0$$

　　が恒等的に成り立つことがないとき，それらの関数は互いに**1次独立**であるという．

この定義から次のことが言える．

　　$u_1(x), u_2(x), \cdots, u_n(x)$ を互いに1次独立な関数の系とする．ある関数 $v(x)$ がこの系の1次結合として表わせたとすると，その表わし方はただ1通りに決まる．

　　[証明]　$v(x)$ が $u_1, u_2, \cdots, u_n$ の1次結合として2通りの仕方で書けたとする．すなわち，$v = c_1 u_1 + c_2 u_2 + \cdots + c_n u_n$ および $v = d_1 u_1 + d_2 u_2 + \cdots + d_n u_n$．2つの式の差をとって，$(c_1 - d_1) u_1 + (c_2 - d_2) u_2 + \cdots + (c_n - d_n) u_n = 0$．$u_1, u_2,$

$\cdots, u_n$ は互いに1次独立であるから，$c_1 = d_1$, $c_2 = d_2$, $\cdots$, $c_n = d_n$ でなければならない．したがって，v の表わし方はただ1通りしかない．∎

[例 5.1] m 個の関数 $1, x, x^2, \cdots, x^m$ は互いに1次独立である．なぜならば，代数方程式の理論によると，

$$c_0 + c_1 x + c_2 x^2 + \cdots + c_m x^m = 0$$

が恒等的に成り立つのは，$c_0 = c_1 = c_2 = \cdots = c_m = 0$ のときに限られるからである．∎

例題 3-10 3つの異なる実数 μ_1, μ_2, μ_3 に対して，指数関数 $e^{\mu_1 x}, e^{\mu_2 x}, e^{\mu_3 x}$ は互いに1次独立であることを示せ．

[解]

$$c_1 e^{\mu_1 x} + c_2 e^{\mu_2 x} + c_3 e^{\mu_3 x} = 0 \qquad (3.100)$$

が恒等的に成り立つとする．(3.100)式，(3.100)式の1回微分，2回微分を $x = 0$ で計算すると，

$$c_1 + c_2 + c_3 = 0$$
$$\mu_1 c_1 + \mu_2 c_2 + \mu_3 c_3 = 0$$
$$\mu_1^2 c_1 + \mu_2^2 c_2 + \mu_3^2 c_3 = 0$$

この3元連立方程式をあらためて，

$$\sum_{j=1}^{3} A_{ij} c_j = 0 \qquad (3.101)$$

と書く．行列 A の行列式を計算すると，$|A| = (\mu_1 - \mu_2)(\mu_2 - \mu_3)(\mu_3 - \mu_1) \neq 0$. したがって，$c_1 = c_2 = c_3 = 0$ が (3.101) 式の唯一の解であり，$e^{\mu_1 x}, e^{\mu_2 x}, e^{\mu_3 x}$ が互いに1次独立であることが示された．∎

ロンスキアン　さて，n 階の斉次方程式 (3.90) の n 個の指数関数解 (3.97) または (3.99) に関して，それらが互いに1次独立な系であることを確かめたい．その準備として，一般に n 個の実関数の系 $u_1(x), u_2(x), \cdots, u_n(x)$ が与えられたとき，この系が互いに1次独立であるための条件を求めておく．例題 3-10 で使った論法を拡張することにより，これができる．

いま，すべてが0ではない実の定数 c_j に対して

$$c_1 u_1 + c_2 u_2 + \cdots + c_n u_n = 0$$

が恒等的に成り立つとする. 両辺を $n-1$ 回微分すると,

$$c_1 u_1' + c_2 u_2' + \cdots + c_n u_n' = 0$$
$$\cdots\cdots\cdots\cdots$$
$$c_1 u_1^{(n-1)} + c_2 u_2^{(n-1)} + \cdots + c_n u_n^{(n-1)} = 0$$

が得られる. これらの式を n 個の未知数 c_j に対する n 元連立方程式とみなし, それをあらためて

$$\sum_{j=1}^{n} A_{ij}(u_1, u_2, \cdots, u_n) c_j = 0 \qquad (i = 1, 2, \cdots, n) \qquad (3.102)$$

と書く. $n \times n$ 行列 A の行列式 $|A|$ を $W(u_1, u_2, \cdots, u_n)$ という記号で表わし, これを $u_1, u_2, \cdots, u_n$ のロンスキアンと呼ぶ.

$$W(u_1, u_2, \cdots, u_n) \equiv \begin{vmatrix} u_1 & u_2 & \cdots & u_n \\ u_1' & u_2' & \cdots & u_n' \\ \cdots\cdots\cdots\cdots\cdots\cdots\cdots\cdots\cdots \\ u_1^{(n-1)} & u_2^{(n-1)} & \cdots & u_n^{(n-1)} \end{vmatrix}$$

連立方程式の理論から, (3.102)式ですべての c_j が 0 ではないためには, $W=0$ が恒等的に成り立つことが必要である. その対偶は, $W \neq 0$ であれば, $c_1 = c_2 = \cdots = c_n = 0$ である. 結局次のことがいえる.

 $n-1$ 回微分可能な関数の系 $u_1, u_2, \cdots, u_n$ が互いに 1 次独立でないときには, そのロンスキアン $W(u_1, u_2, \cdots, u_n)$ は恒等的に 0 となる.

その対偶として,

 $W(u_1, u_2, \cdots, u_n)$ が恒等的に 0 でなければ, $u_1, u_2, \cdots, u_n$ は互いに 1 次独立である.

例題 3-11　3つの関数 $e^{\mu_1 x}, e^{\mu_2 x}, e^{\mu_3 x}$ のロンスキアン W を計算し, μ_j がすべて異なるとき, これらの系が互いに 1 次独立であることを確かめよ.

 ［解］　ロンスキアンは

$$W = \begin{vmatrix} e^{\mu_1 x} & e^{\mu_2 x} & e^{\mu_3 x} \\ \mu_1 e^{\mu_1 x} & \mu_2 e^{\mu_2 x} & \mu_3 e^{\mu_3 x} \\ \mu_1^2 e^{\mu_1 x} & \mu_2^2 e^{\mu_2 x} & \mu_3^2 e^{\mu_3 x} \end{vmatrix}$$

$$= e^{(\mu_1+\mu_2+\mu_3)x} \begin{vmatrix} 1 & 1 & 1 \\ \mu_1 & \mu_2 & \mu_3 \\ \mu_1^2 & \mu_2^2 & \mu_3^2 \end{vmatrix}$$

$$= (\mu_3-\mu_2)(\mu_3-\mu_1)(\mu_2-\mu_1) e^{\mu_1 x} e^{\mu_2 x} e^{\mu_3 x} \tag{3.103}$$

右辺1行目の行列式で，第 i 列の各行に共通した因子 $e^{\mu_i x}$ を外へ出して，2行目の式が得られた．(3.103)式により，すべての μ_i が異なれば $W \neq 0$ で，したがって，3つの関数は互いに1次独立である． ∎

微分方程式(3.90)に戻る．例題 3-11 の考察は n 個の指数関数解(3.97)

$$y_1 = e^{\rho_1 x}, \ y_2 = e^{\rho_2 x}, \ \cdots, \ y_n = e^{\rho_n x}$$

へ拡張できる．ロンスキアン $W(y_1, y_2, \cdots, y_n)$ は，(3.103)式の計算と同様な手順で求まる．くわしい計算を省いて結果だけを書く．

$$W(e^{\rho_1 x}, e^{\rho_2 x}, \cdots, e^{\rho_n x}) = \prod_{i>j}^{n} (\rho_i - \rho_j) e^{(\rho_1+\rho_2+\cdots+\rho_n)x} \tag{3.104}$$

ρ_j がすべて異なるときには $W \neq 0$ で，したがって n 個の解(3.97)は互いに1次独立であることが示された．

さらに，ρ_j に対する同じ条件の下で，微分方程式(3.90)の解はつねに，n 個の解(3.97)（ρ_j の中に複素なものがあるときは(3.99)）に対して1次従属であることが示せる．

[証明]　(3.90)式の任意の解 $y(x)$ がいつでも n 個の解(3.97)（または(3.99)）の1次結合

$$z(x) = c_1 y_1(x) + c_2 y_2(x) + \cdots + c_n y_n(x)$$

として表わせることをいえばよい．解 $y(x)$ の $x=x_0$ における初期値を

$$y(x_0) = y_0, \ y'(x_0) = y_0', \ \cdots, \ y^{(n-1)}(x_0) = y_0^{(n-1)} \tag{3.105}$$

と書く．$z(x)$ は(3.90)式の解の1次結合であるから，$z(x)$ 自身も(3.90)式の解である．いま，係数 c_j を適当に選ぶことによって，$z(x)$ が $y(x)$ と同じ初期条件(3.105)を満たすようにできれば，解の一意性の定理（定理 1-3）により，$z(x)$ と $y(x)$ が一致する．ゆえに，$y(x)$ が n 個の解(3.97)の1次結合で表わ

される.

$$y(x) = c_1 y_1(x) + c_2 y_2(x) + \cdots + c_n y_n(x) \qquad (3.106)$$

c_j の値は次のように決めればよい. $z(x)$ に対する初期条件(3.105)は

$$c_1 y_1(x_0) + c_2 y_2(x_0) + \cdots + c_n y_n(x_0) = y_0$$
$$c_1 y_1'(x_0) + c_2 y_2'(x_0) + \cdots + c_n y_n'(x_0) = y_0'$$
$$\cdots\cdots\cdots\cdots \qquad (3.107)$$
$$c_1 y_1^{(n-1)}(x_0) + c_2 y_2^{(n-1)}(x_0) + \cdots + c_n y_n^{(n-1)}(x_0) = y_0^{(n-1)}$$

となる. この式は c_j に対する n 元連立方程式とみなすことができる. その係数が作る行列 A の行列式はロンスキアン $W(y_1, y_2, \cdots, y_n)$ で与えられる. いま, $W \neq 0$ であるから, (3.107)式を満たす c_j の値が確かにあり, しかもその値は1通りである. ▮

基本系　上の2つの考察から, n 階の微分方程式(3.90)に関して, 次のことが結論できた.

　特性方程式の根 ρ_j がすべて異なるとき, 微分方程式(3.90)は互いに1次独立な解を n 個もち, それ以上にはない.

したがって, 次のことがいえる.

　(3.90)の互いに1次独立な解 $y_1(x), y_2(x), \cdots, y_n(x)$ が分かると, 任意の解 $y(x)$ はそれらの1次結合として, (3.106)式のように表わされる. その表わし方は1通りに決まる. このような n 個の解の組を**基本系**という.

さらに次のことがいえる.

　上の解(3.106)は n 個の任意定数 $c_1, c_2, \cdots, c_n$ をもっているから, 微分方程式(3.90)の一般解である. 任意の解が一般解として表わせるから, (3.90)式は特異解をもたない.

ロンスキアンの性質　3-4節で, 2階の微分方程式(3.45)に関して, ロンスキアン $W(y_1, y_2)$ が線形微分方程式(3.56) $W' = -pW$ を満たすことを示した. n 階の微分方程式に関しても同じ論法が使えて, 同じ形の微分方程式が導かれる.

$$W'(y_1, y_2, \cdots, y_n) = -p_1 W(y_1, y_2, \cdots, y_n) \qquad (3.108)$$

[証明]　関数を要素とする行列式の微分は, そのどれか1つの行(または列)

だけを微分して得られる n 通りの行列式を足し合わせたものに等しい.この公式を用いて,W' が計算できる.

$$W'(y_1, y_2, \cdots, y_n) = \begin{vmatrix} y_1' & \cdots & y_n' \\ y_1' & \cdots & y_n' \\ \cdots\cdots\cdots\cdots\cdots \\ y_1^{(n-1)} & \cdots & y_n^{(n-1)} \end{vmatrix}$$

$$+ \begin{vmatrix} y_1 & \cdots & y_n \\ y_1'' & \cdots & y_n'' \\ y_1'' & \cdots & y_n' \\ \cdots\cdots\cdots\cdots\cdots \\ y_1^{(n-1)} & \cdots & y_n^{(n-1)} \end{vmatrix} + \cdots + \begin{vmatrix} y_1 & \cdots & y_n \\ y_1' & \cdots & y_n' \\ \cdots\cdots\cdots\cdots \\ y_1^{(n)} & \cdots & y_n^{(n)} \end{vmatrix}$$

初めの $n-1$ 個の行列式は 2 つの等しい行をもつから 0 である.最後の行列式に対しては,$y_i^{(n)} = -p_1 y_i^{(n-1)} - \cdots - p_n y_i$ を代入する.

$$W' = -\sum_{k=1}^{n} p_k \begin{vmatrix} y_1 & \cdots & y_n \\ y_1' & \cdots & y_n' \\ \cdots\cdots\cdots\cdots\cdots \\ y_1^{(n-k)} & \cdots & y_n^{(n-k)} \end{vmatrix}$$

$k = 2, 3, \cdots, n$ の項は,第 n 行と第 $n-k$ 行が等しいから 0 となる.$k = 1$ の項は,行列式が W 自身に等しく,したがって,右辺 $= -p_1 W$ である. ▌

上の結果(3.108)は W の表式(3.104)から直接確かめることもできる.この式を微分して,

$$W' = (\rho_1 + \rho_2 + \cdots + \rho_n) W$$

特性方程式(3.95)における根と係数の関係 $\rho_1 + \rho_2 + \cdots + \rho_n = -p_1$ を用いると,(3.108)式が得られる.

3-6 特性方程式が重根をもつ場合

微分方程式(3.90)へ戻る.

$$L_n(y) \equiv y^{(n)} + p_1 y^{(n-1)} + \cdots + p_1 y = 0 \tag{3.109}$$

指数関数解 $y = e^{\rho x}$ に関する特性方程式(3.95)

$$\varphi(\rho) \equiv \rho^n + p_1\rho^{n-1} + \cdots + p_1 y = 0 \qquad (3.110)$$

が重根をもつ場合を考える. このときには, 指数関数解(3.97). $e^{\rho_1 x}, e^{\rho_2 x}, \cdots,$ $e^{\rho_n x}$ の中で異なるものの数は n よりも少なくなる. したがって, 別の解を探すことが必要となる.

まず, ρ が(3.110)式の2重根の場合を考える. すでに2階の方程式の場合に, 3-2節で2重根の場合を扱った. 元の指数関数 $y = e^{\rho x}$ を ρ について微分して, 新しい解 $\partial e^{\rho x}/\partial\rho = xe^{\rho x}$ が得られる. これが探していた解である.

高い多重根のときも同様の処方が使える. ρ を特性方程式(3.110)の m 重根とすると,

$$\varphi(\rho) = \varphi'(\rho) = \cdots = \varphi^{(m-1)}(\rho) = 0 \qquad (3.111)$$

が成り立つ. (3.109)式で $y = e^{\rho x}$ とおいて, 等式

$$L_n(e^{\rho x}) = \varphi(\rho)e^{\rho x}$$

が得られる. この両辺を ρ について k $(k \leqq m-1)$ 回偏微分する.

$$\frac{\partial^k}{\partial\rho^k}L_n(e^{\rho x}) = \frac{\partial^k}{\partial\rho^k}(\varphi(\rho)e^{\rho x}) \qquad (3.112)$$

左辺は, 2つの微分 $\partial/\partial\rho$ と $\partial/\partial x$ の順序が交換できるから,

$$\left(\frac{\partial}{\partial\rho}\right)^k L_n(e^{\rho x}) = L_n\left[\left(\frac{\partial}{\partial\rho}\right)^k e^{\rho x}\right] = L_n(x^k e^{\rho x})$$

右辺は, 積の微分の公式を用いて, (3.111)の条件の下で,

$$\left(\frac{\partial}{\partial\rho}\right)^k (\varphi(\rho)e^{\rho x}) = \varphi(\rho)x^k e^{\rho x} + k\varphi'(\rho)x^{k-1}e^{\rho x} + \cdots + \varphi^{(k)}(\rho)e^{\rho x} = 0$$

上の2つの式を(3.112)式に代入して,

$$L_n(x^k e^{\rho x}) = 0 \qquad (k \leqq m-1) \qquad (3.113)$$

が得られる. すなわち, $x^k e^{\rho x}$ $(k \leqq m-1)$ は微分方程式(3.109)の解である. 一方, $k \geqq m$ に対しては, $x^k e^{\rho x}$ は(3.109)式の解ではない.

以上の結果を整理する.

特性方程式(3.110)の根とその重複度を

$$\rho_1, \ \rho_2, \ \cdots, \ \rho_r ; \quad m_1, \ m_2, \ \cdots, \ m_r$$

とする. したがって, $m_1 + \cdots + m_r = n$. このとき

$$e^{\rho_1 x}, \quad xe^{\rho_1 x}, \quad \cdots, \quad x^{m_1-1}e^{\rho_1 x},$$
$$e^{\rho_2 x}, \quad xe^{\rho_2 x}, \quad \cdots, \quad x^{m_2-1}e^{\rho_2 x}, \tag{3.114}$$
$$\cdots\cdots\cdots\cdots,$$
$$e^{\rho_r x}, \quad xe^{\rho_r x}, \quad \cdots, \quad x^{m_r-1}e^{\rho_r x}$$

は n 階方程式(3.109)の解である. ちょうど n 個の解が得られた. これらの解は互いに1次独立であり, 1次独立なものはこれ以外にない.

[証明] n 個の関数の系(3.114)が互いに1次独立であるとは, 次のことを意味する. 高々 m_i-1 次の多項式 $F_i(x)$ $(i=1,2,\cdots,r)$ に対して,

$$F_1(x)e^{\rho_1 x}+F_2(x)e^{\rho_2 x}+\cdots+F_r(x)e^{\rho_r x} = 0 \tag{3.115}$$

が恒等的に成り立つのは, $F_i\equiv 0$ のときに限られる. いま, (3.114)が互いに1次独立でないと仮定する. (3.115)式が恒等的に成り立ち, 少なくとも1つの $F_i(x)$ が0ではない. そのような F_i の1つを F_1 と書く. 0でない $F_i(x)$ が少なくとももう1つある. そのような F_i の1つを F_2 と書く. 上の式を $e^{\rho_1 x}$ で割って,

$$F_1(x)+F_2(x)e^{(\rho_2-\rho_1)x}+\cdots+F_r(x)e^{(\rho_r-\rho_1)x} = 0$$

が得られる. この式を m_1 回微分して, $F_1^{(m_1)}\equiv 0$ に注意すれば,

$$G_2(x)e^{(\rho_2-\rho_1)x}+\cdots+G_r(x)e^{(\rho_r-\rho_1)x} = 0$$

$G_j(x)$ は高々 m_j-1 次の多項式で, G_2 は0ではない. このような論法を何回か繰り返すことにより,

$$S_r(x)e^{(\rho_r-\rho_{r-1})x} = 0$$

に達する. $S_r(x)$ は高々 m_r-1 次の多項式で, $S_r(x)\neq 0$ であるから, この式は矛盾である. したがって, 最初の仮定が間違いで, (3.114)の n 個の解は互いに1次独立であることがいえた.

次に, (3.109)の解で互いに1次独立なものは(3.114)以外にはないことを示さなければならない. いま, (3.114)の n 個の解を簡単に

$$y_1(x), \quad y_2(x), \quad \cdots, \quad y_n(x) \tag{3.116}$$

と表わす. $y_1=e^{\rho_1 x}, \cdots, y_n=x^{m_r-1}e^{\rho_r x}$ である. (3.116)は互いに1次独立であるから, これらの解からロンスキアン W を作ると, $W\neq 0$ である. 前節における, ρ_j がすべて単根の場合に対する証明と同じ論法が使えて, (3.109)の

任意の解 $y(x)$ は(3.116)の 1 次結合で

$$y(x) = c_1 y_1(x) + c_2 y_2(x) + \cdots + c_n y_n(x)$$

と表わされる.（3.116)以外に 1 次独立な解がないことが示された. ▌

例題 3-12　3 階の方程式

$$y''' - 6y'' + 12y' - 8y = 0$$

の基本系を求めよ.

［解］　特性方程式は

$$\varphi(\rho) \equiv \rho^3 - 6\rho^2 + 12\rho - 8 = (\rho - 2)^3 = 0$$

3 重根 $\rho = 2$ に対応する 3 つの根

$$e^{2x}, \ xe^{2x}, \ x^2 e^{2x}$$

は互いに 1 次独立であり，基本系である. ▌

第 3 章　演習問題

[1]　次の標準形の 2 階斉次方程式の一般解を求めよ.

(1)　$y'' + 4y = 0$

(2)　$y'' - \omega^2 y = 0$　　（ω は実数）

(3)　$y'' + \omega^2 y = 0$

また，これらの 3 つの方程式について，もし解が周期性をもつならば，その周期を求めよ.

[2]　次の 2 階斉次方程式を標準形に直せ.

(1)　$y'' + 2y' - y = 0$

(2)　$y'' - 3y' + 3y = 0$

(3)　$y'' + 4y' + 4y = 0$

(4)　$2y'' + 6y' + 5y = 0$

[3]　次の 2 階斉次方程式の特性方程式を書き，一般解を求めよ.

(1)　$y'' + y' - 2y = 0$

(2)　$y'' + 2y' + 2y = 0$

(3)　$y'' + 6y' + 9y = 0$

（4）　$2y'' + 3y' + y = 0$

また，これらの方程式の中で，解が減衰振動，過減衰，臨界減衰を表わすものはどれか．減衰振動の解については，その周期を求め，摩擦の項 y' がない場合の振動の周期と比較せよ．

[4]　次の 2 つの関数は互いに 1 次独立であることを示せ．

（1）　$a + bx,\ c + dx$　　$(ad \neq bc)$

（2）　$e^{\rho x},\ e^{\sigma x}$　　$(\rho \neq \sigma)$

[5]　問題 [3]について，(1)と(2)の方程式の基本系を書け．

[6]　2 階斉次方程式の標準形

$$y'' - 4y = 0$$

の基本系として次の 2 組を考えてみる．

$$y_1 = e^{2x},\ y_2 = e^{-2x}\ ;\quad w_1 = \cosh 2x,\ w_2 = \sinh 2x$$

2 つの基本系の間の座標変換を書け．

[7]　次の標準形の 2 階斉次方程式の基本系を書き，そのロンスキアンを求めよ．

（1）　$y'' + 4y = 0$　　　（2）　$y'' - 2\omega y' + \omega^2 y = 0$　（ω は実数）

[8]　次の 2 階非斉次方程式の特解を定数変化法で求めよ．

（1）　$y'' - \omega^2 y = a + bx$

（2）　$y'' - \omega^2 y = ce^{\rho x}$　　（$\rho \neq \pm \omega$）

（3）　$y'' - \omega^2 y = ce^{\omega x}$

（4）　$y'' - \omega^2 y = a + bx + ce^{\rho x}$

（5）　$y'' + \omega^2 y = bx$

[9]　問題 [8]の方程式に関して，その特解を代入法で求めよ．

[10]　次の 2 階非斉次方程式の特解を代入法で求めよ．

（1）　$2y'' + 3y' + y = ax$

（2）　$y'' + y' - 2y = be^{-x}$

（3）　$y'' + y' - 2y = be^{x}$

（4）　$y'' - 6y' + 9y = be^{3x}$

（5）　$y'' + y = cx \sin x$

[11]　次の 2 つの関数のロンスキアンを計算し，それらが互いに 1 次独立であることを確かめよ．

（1）　$e^{\mu x},\ e^{\nu x}$　　（$\mu \neq \nu$）

(2)　$e^{\mu x},\ xe^{\mu x},\ x^2 e^{\mu x}$

[12] 次の3階斉次方程式の基本系を求めよ.

(1)　$y''' - 6y'' + 11y' - 6y = 0$

(2)　$y''' - 2y'' - 5y' + 6y = 0$

(3)　$y''' - 3y'' + 3y' - y = 0$

4 変数係数の線形微分方程式

変数係数の線形微分方程式は

$$y^{(n)}+p_1(x)y^{(n-1)}+\cdots+p_n y = r(x) \tag{4.1}$$

という形をもつ. 前章で, 係数 p_k が実定数のものは, 一般的な方法によって解を求められることを述べた. しかし係数が x の関数 $p_k(x)$ になると, 線形方程式の性格は大きく変わる. $r(x)=0$ の斉次方程式の場合でも, 特殊な形のものを除いて, 解を完結した形で見出すことはもはや不可能となる. したがって, 数学的な観点から解の解析的で一般的な性質に興味があるのか, あるいは応用上の観点から解の近似的な形や数値的な性質に関心があるのかなど, 目的や場合に応じて研究の仕方が違ってくる.

　本章では, 変数係数の微分方程式(4.1)に関して, 解の一般的な性質に重きをおきながら, その解法を簡単に述べる. 応用例はどうしても複雑な問題になってしまう. 2階の微分方程式の場合は, 係数 $p_1(x)$ と $p_2(x)$ を特殊な形に選ぶと, マチウの微分方程式, ルジャンドルやベッセルの微分方程式など, 物理数学で馴染みのある方程式が得られる. それらの特殊な形の微分方程式は, 第6章と第7章で解の複素解析性という観点から考察する.

4-1 斉次方程式の一般的な性質

斉次な変数係数の n 階の線形方程式を扱う．定数係数のときと同様に，

$$M_n(y) \equiv y^{(n)} + p_1(x)y^{(n-1)} + \cdots + p_n(x)y \tag{4.2}$$

という記号を導入しておくと便利である．係数関数 $p_k(x)$ がすべて実関数の場合を考える．微分方程式は

$$M_n(y) = 0 \tag{4.3}$$

と書かれる．

解の線形性　　記号 $M_n(y)$ は次の基本的な性質をもつ．

記号 $M_n(y)$ は y について線形である．すなわち

$$M_n(c_1 y_1 + c_2 y_2) = c_1 M_n(y_1) + c_2 M_n(y_2) \tag{4.4}$$

が成り立つ．ここで c_1, c_2 は実の定数である．

(4.4)式の証明は，3-5節の定数係数の場合と同様にできる．3-5節で考えた L_n と同じく，M_n も線形微分演算子である．

$M_n(y)$ の線形性から，微分方程式(4.3)が解の**線形性**をもつことが導かれる．

y_1, y_2 を(4.3)式の解とすると，それらの1次結合

$$y(x) = c_1 y_1(x) + c_2 y_2(x)$$

もまた(4.3)式の解である．なぜなら，(4.4)式により，

$$M_n(y) = c_1 M_n(y_1) + c_2 M_n(y_2) = 0$$

が成り立つからである．

すぐ下で述べるように，微分方程式(4.3)は互いに異なる n 個の解をもつ．

$y_1, y_2, \cdots, y_m$ を(4.3)式の m 個の解とする．それらの1次結合

$$y(x) = c_1 y_1(x) + c_2 y_2(x) + \cdots + c_m y_m(x)$$

もまた(4.3)式の解である．

解の存在と一意性　　1-5節で微分方程式の解の存在と一意性の定理について述べた．そこでの一般的な考察を変数係数の微分方程式(4.3)に適用してみることは，定理の内容を理解する助けになる．まず，定理1-3の内容を思い出してみよう．正規形の n 階の方程式

$$y^{(n)} = f(x, y^{(j)}) \tag{4.5}$$

を初期条件

$$y(x_0) = y_0, \quad y'(x_0) = y_0', \quad \cdots, \quad y^{(n-1)}(x_0) = y_0^{(n-1)} \tag{4.6}$$

の下で考える. $x, y, \cdots, y^{(n-1)}$ を座標軸とする空間 R_{n+1} を考え,関数 f および偏微分係数 $\partial f/\partial y^{(j)}$ は R_{n+1} のある領域 Γ 内で定義されているとする. f とすべての $\partial f/\partial y^{(j)}$ の両方が定義域 Γ 内で連続である,というのが定理1-3の前提条件である. この条件の下で,微分方程式(4.5)の解の存在と一意性がいえる.

さて,線形微分方程式(4.3)は正規形(4.5)に書ける.

$$f = -p_1(x) y^{(n-1)} - \cdots - p_n(x) y$$

f の偏微分係数は

$$\frac{\partial f}{\partial y^{(j)}} = -p_{n-j}(x) \tag{4.7}$$

となる. したがって,f とすべての $\partial f/\partial y^{(j)}$ が Γ 内で連続であるという定理1-3の条件は,単に $p_k(x)$ が対応する x の区間 I で連続であることを意味しているに過ぎない. したがって,次の定理が成り立つ.

定理4-1 線形微分方程式(4.3)に関して, x のある区間 I ですべての $p_j(x)$ が連続であるとする. x_0 は I 内の点とする. このとき,初期条件(4.6)を満たす(4.3)の解 $y(x)$ が存在し,ただ1つに決まる. $y(x)$ は区間 I で定義されている.

この定理により, n 階の微分方程式(4.5)は互いに1次独立な n 個の解をもつことが,以下のようにして示せる. 定理4-1により,(4.5)の解の中に初期条件 $y^{(j)}(x_0) = 1$, $y^{(k)}(x_0) = 0 \, (k \neq j)$ を満たすものが1つあるから,それを $y_{j+1}(x) \, (j = 0, 1, \cdots, n-1)$ と書く. $y_{j+1}(x)$ は

$$y_{j+1}^{(j)}(x_0) = 1, \qquad y_{j+1}^{(k)}(x_0) = 0 \qquad (k \neq j) \tag{4.8}$$

を満たす. いま, n 個の解

$$y_1(x), \quad y_2(x), \quad \cdots, \quad y_n(x) \tag{4.9}$$

をもってきて,

$$c_1 y_1(x) + c_2 y_2(x) + \cdots + c_n y_n(x) = 0$$

が成り立つとする．この式を l 回 $(0 \leqq l \leqq n-1)$ 微分した後，$x=x_0$ とおくと，(4.8)式により，$c_{l+1}=0$ が得られる．ゆえに，これらの n 個の解(4.9)は互いに1次独立である．

　次に，微分方程式(4.5)の任意の解を $y(x)$ として，$y(x_0)=d_1$, $y'(x_0)=d_2$, $\cdots$, $y^{(n-1)}(x_0)=d_n$ とおく．定理4-1の後半により，$y(x)$ は上の n 個の解(4.9)を用いて

$$y(x) = d_1 y_1(x) + d_2 y_2(x) + \cdots + d_n y_n(x)$$

と表わされる．これは，互いに1次独立な解が n 個だけであることを意味する．

　上に述べたことから，一般に次のことがいえる．

　微分方程式(4.3)の互いに1次独立な n 個の解 $y_1(x), y_2(x), \cdots, y_n(x)$ が分かれば，(4.3)式の任意の解はそれらの1次結合として

$$y(x) = c_1 y_1(x) + c_2 y_2(x) + \cdots + c_n y_n(x) \tag{4.10}$$

のように表わされる．このような n 個の解の組 $(y_1, y_2, \cdots, y_n)$ を**基本系**または**基本解**という．

　[証明]　方程式(4.3)の任意の解 $y(x)$ に対して，$n+1$ 個の解 $y(x), y_1(x)$, $\cdots, y_n(x)$ はいつでも互いに1次従属となる．したがって，すべてが0ではない定数 $c_0, c_1, \cdots, c_n$ を選んで

$$c_0 y + c_1 y_1 + \cdots + c_n y_n = 0$$

が成り立つようにできる．$y_1(x), \cdots, y_n(x)$ が互いに1次独立であるという最初の仮定により，$c_0 \neq 0$ である．したがって，

$$y(x) = -\frac{c_1}{c_0} y_1(x) - \cdots - \frac{c_n}{c_0} y_n(x)$$

が得られ，(4.10)式が導かれた．■

　逆に，$y_1(x), \cdots, y_n(x)$ の1次結合(4.10)が微分方程式(4.3)の解となることはすでに述べた．したがって，次のことがいえる．

　解(4.10)は n 個の任意定数を含み，(4.3)式の一般解である．任意の解が一般解(4.10)として表わされるから，微分方程式(4.3)は特異解をもたない．

ロンスキアン n 個の関数 $u_1(x), u_2(x), \cdots, u_n(x)$ が与えられたとき，それらが互いに1次独立であるかどうかは，ロンスキアン $W(u_1, u_2, \cdots, u_n)$ が恒等的に0であるかどうかということと関連している．このことは3-5節で詳しく述べたので，ここでは繰り返さない．関数系 $u_1, u_2, \cdots, u_n$ として，微分方程式 (4.3) の互いに1次独立な n 個の解 $y_1, y_2, \cdots, y_n$ をとる．それらのロンスキアン $W(y_1, y_2, \cdots, y_n)$ は，定数係数の場合と同じ形の1階の微分方程式

$$W'(y_1, y_2, \cdots, y_n) = -p_1(x)W(y_1, y_2, \cdots, y_n) \tag{4.11}$$

を満たすことが簡単に示せる．行列式 W の微分 dW/dx は3-5節の証明と同じに計算できる．ただし，こんどは定数係数 p_1 の代りに変数係数 $p_1(x)$ が現われる．

1階の微分方程式 (4.11) は1階の変数分離形であり，直ちに積分できる．$W'/W = (\log W)' = -p_1(x)$ から，$\log(W/W_0) = -\int_0^x p_1(x)dx$. したがって，

$$W(y_1(x), y_2(x), \cdots, y_n(x)) = W_0 \exp\left[-\int_0^x p_1(x)dx\right] \tag{4.12}$$

が得られる．W_0 は $x=0$ での W の値である．この式から次のことがいえる．

微分方程式 (4.3) に伴うロンスキアン W は決して0にならない（$W_0 \neq 0$ のとき）か，あるいは恒等的に0（$W_0 = 0$ のとき）かのどちらかである．

解の一意性 上で，微分方程式の解の存在と一意性の定理を用いて，微分方程式 (4.3) の解の存在と一意性について調べた．ロンスキアンの性質を使えば，(4.3) 式の解の一意性が簡単に導かれる．

[証明] 微分方程式 (4.3) の一般解 $y(x)$ を基本解の1次結合として，$y = c_1 y_1 + c_2 y_2 + \cdots + c_n y_n$ ((4.10) 式) のように表わす．初期条件は (4.8) のようにとる．すなわち，

$$c_1 y_1(x_0) + c_2 y_2(x_0) + \cdots + c_n y_n(x_0) = y_0$$
$$c_1 y_1'(x_0) + c_2 y_2'(x_0) + \cdots + c_n y_n'(x_0) = y_0'$$
$$\cdots\cdots\cdots\cdots$$
$$c_1 y_1^{(n-1)}(x_0) + c_2 y_2^{(n-1)}(x_0) + \cdots + c_n y_n^{(n-1)}(x_0) = y_0^{(n-1)}$$

これらの方程式は n 個の未知数 $c_1, c_2, \cdots, c_n$ に対する n 元の連立方程式である．その係数が作る行列を A と書くと，行列式 $|A|$ はロンスキアン $W(y_1, y_2, \cdots,$

y_n) の $x=x_0$ での値 W_0 に等しい. いま, $W_0 \neq 0$ であるから, 上の連立方程式から係数 c_k がただ 1 通りに決まり, 初期値解の一意性が示された. ∎

4-2 非斉次方程式

この節では, 非斉次方程式

$$M_n(y) \equiv y^{(n)} + p_1(x)y^{(n-1)} + \cdots + p_n(x) = r(x) \tag{4.13}$$

の一般的性質について述べる.

　非斉次方程式(4.13)の解と斉次方程式(4.3)との関係を調べる. 前者の解が 1 つ分かったとして, それを $Y(x)$ と書く. いま, (4.13)式の任意の解 $y(x)$ を

$$y(x) = z(x) + Y(x) \tag{4.14}$$

と書いて, 新しい未知関数 $z(x)$ を導入する. 記号 $M_n(y)$ の線形性(4.4)により,

$$M_n(z+Y) = M_n(z) + M_n(Y) = r(x)$$

$Y(x)$ は $M_n(Y) = r(x)$ を満たすから,

$$M_n(z) = 0$$

が得られる. すなわち, $z(x)$ は斉次な微分方程式(4.3)の解である. 逆に, (4.3)式の任意の解 $z(x)$ に対して, (4.14)式は非斉次な微分方程式(4.13)の解となる. $z(x)$ が互いに 1 次独立な n 個の解の 1 次結合として表わせることは, 4-1 節で述べた. したがって, 次の結論を得る.

　非斉次な微分方程式(4.13)の特殊解 $Y(x)$ と, 斉次な微分方程式(4.3)の互いに 1 次独立な n 個の解 $z_1(x), z_2(x), \cdots, z_n(x)$ が求まれば, (4.13)式の一般解として,

$$y(x) = c_1 z_1(x) + c_2 z_2(x) + \cdots + c_n z_n(x) + Y(x) \tag{4.15}$$

が得られる.

　定数変化法　　斉次な微分方程式(4.3)の解の基本系 $z_1(x), z_2(x), \cdots, z_n(x)$ が求まっているときには, 非斉次な微分方程式(4.13)の解が求まる. これまでは(1 階線形と定数係数の 2 階線形), こういう場合には定数変化法がうまく使

えた. こんども同じ方法を適用して,

$$y(x) = u_1(x)z_1(x) + u_2(x)z_2(x) + \cdots + u_n(x)z_n(x) \qquad (4.16)$$

とおく. $y(x)$ が(4.13)式を満たすように, x の関数 $u_1(x), u_2(x), \cdots, u_n(x)$ を決めればよい. 特殊解が1つだけ求まればよいから, n 個の関数は必要ない. それで, 余分な条件を $n-1$ 個おくことにより, 関数の数を1個にまで減らす必要がある. そのためには,

$$\begin{aligned}
&u_1'z_1 + u_2'z_2 + \cdots + u_n'z_n = 0 \\
&u_1'z_1' + u_2'z_2' + \cdots + u_n'z_n' = 0 \\
&\qquad\cdots\cdots\cdots\cdots \\
&u_1'z_1^{(n-2)} + u_2'z_2^{(n-2)} + \cdots + u_n'z_n^{(n-2)} = 0
\end{aligned} \qquad (4.17)$$

とおけばよい. (4.16)式を x で微分し, (4.17)式の第1行目を使って,

$$\begin{aligned}
y' &= u_1z_1' + u_2z_2' + \cdots + u_nz_n' + u_1'z_1 + u_2'z_2 + \cdots + u_n'z_n \\
&= u_1z_1' + u_2z_2' + \cdots + u_nz_n'
\end{aligned}$$

新しく得られた式を x でもう1回微分し, (4.17)式の第2行目を用いて,

$$\begin{aligned}
y'' &= u_1z_1'' + u_2z_2'' + \cdots + u_nz_n'' + u_1'z_1' + u_2'z_2' + \cdots + u_n'z_n' \\
&= u_1z_1'' + u_2z_2'' + \cdots + u_nz_n''
\end{aligned}$$

このような操作を k 回 ($k=1,2,\cdots,n-1$) 繰り返した結果として,

$$y^{(k)} = u_1z_1^{(k)} + u_2z_2^{(k)} + \cdots + u_nz_n^{(k)} \qquad (4.18)$$

が得られる. 微分を n 回行なった後では,

$$\begin{aligned}
y^{(n)} = {}&u_1z_1^{(n)} + u_2z_2^{(n)} + \cdots + u_nz_n^{(n)} \\
&+ u_1'z_1^{(n-1)} + u_2'z_2^{(n-1)} + \cdots + u_n'z_n^{(n-1)}
\end{aligned} \qquad (4.19)$$

が得られる. (4.19), (4.18)式を(4.13)式に代入すると,

$$\begin{aligned}
&u_1'z_1^{(n-1)} + u_2'z_2^{(n-1)} + \cdots + u_n'z_n^{(n-1)} \\
&+ \sum_{i=1}^{n} u_i(z_i^{(n)} + p_1z_i^{(n-1)} + \cdots + p_nz_i) = r(x)
\end{aligned}$$

が得られる. $z_i(x)$ は斉次方程式(4.3)の解であるから, 左辺で u_i が掛かる項はすべて0となり,

$$u_1'z_1^{(n-1)} + u_2'z_2^{(n-1)} + \cdots + u_n'z_n^{(n-1)} = r(x) \qquad (4.20)$$

が得られる. 逆に $u_1', u_2', \cdots, u_n'$ が(4.17)と(4.20)式を満たせば, (4.16)式は

微分方程式(4.13)の解となる.

　さて，(4.17)式と(4.20)式を合わせたものは，n 個の未知数 $u_1', u_2', \cdots, u_n'$ に対する n 元連立方程式と読むことができる．その係数が作る行列を A と書くと，行列式 $|A|$ はロンスキアン $W(z_1, z_2, \cdots, z_n)$ に等しい．$z_1, z_2, \cdots, z_n$ は互いに 1 次独立であるから，$|A| = W \neq 0$ である．ゆえに，(4.17)と(4.20)式は u_k' について解ける．その解を

$$u_k'(x) = q_k(x) \qquad (k = 1, 2, \cdots, n)$$

と書く．この 1 階の微分方程式は直ちに積分できて，

$$u_k(x) = \int^x q_k(x')dx' + c_k \qquad (k = 1, 2, \cdots, n)$$

c_k は任意定数である．この答を(4.16)式に代入すると，(4.13)式の解が次の形に求められる．

$$y(x) = \sum_{k=1}^n c_k z_k(x) + Y(x)$$

$$Y(x) = \sum_{k=1}^n z_k(x) \int^x q_k(x')dx' \qquad (4.21)$$

$Y(x)$ は特殊解である．

4-3　2階の線形微分方程式

これまでの 2 つの節では，変数係数の線形微分方程式の一般的性質について述べてきた．2 階の方程式に限ると，もうすこし具体的なことがいえるし，おもしろい応用例もある．

　2 階の斉次方程式　　まず 2 階の斉次方程式

$$M_2(y) \equiv y'' + p(x)y' + q(x)y = 0 \qquad (4.22)$$

を考える．特に $p(x) = 0$ の場合の

$$y'' + q(x)y = 0 \qquad (4.23)$$

を**標準形**と呼ぶ．一般の形(4.22)はいつでも標準形(4.23)に書き直すことができる．そのためには，定数係数の場合をまねて，

$$y(x) = c(x)z(x) \tag{4.24}$$

とおく. これを(4.22)式に代入して,

$$\begin{aligned}
M_2(y) &= cz'' + 2c'z' + c''z + p(cz' + c'z) + qcz \\
&= c\left(z'' + \left(\frac{2c'}{c} + p\right)z' + \left(\frac{c''}{c} + p\frac{c'}{c} + q\right)z\right)
\end{aligned} \tag{4.25}$$

z' の項の係数が 0 となるように, $2c'/c = -p$ とおく. この式は直ちに積分できて, c が求まる.

$$c(x) = \exp\left[-\frac{1}{2}\int^x p(x')dx'\right]$$

次に, z の項は,

$$\frac{c''}{c} = -\frac{1}{2}p' + \frac{1}{4}p^2$$

を用いて,

$$\frac{c''}{c} + p\frac{c'}{c} + q = -\frac{1}{2}p' - \frac{1}{4}p^2 + q$$

以上をまとめると, 一般形(4.22)は変数変換

$$y(x) = \exp\left[-\frac{1}{2}\int^x p(x')dx'\right]z(x) \tag{4.26}$$

により, 標準形

$$z'' + Q(x)z = 0$$

に帰着される. ただし,

$$Q = q - \frac{1}{4}p^2 - \frac{1}{2}p'$$

　[例3.1]　周期的に変化する重力による振子. 鉛直面内で振動する振子を考える. 振子の長さを l, 質点 P の質量を m とする. 図4-1に示したように, 極座標 (r, θ) を用い, 振れの角度を θ, 角速度を χ とする. 質点が円の接線の方向に重力から受ける力は, $F_\theta = -mg\sin\theta$. 加速度 $\boldsymbol{a}$ の θ 成分は $\alpha_\theta = l d\chi/dt = l d^2\theta/dt^2$. 運動方程式は, $\omega^2 = g/l$ とおいて,

$$\theta'' = -\omega^2\sin\theta \tag{4.27}$$

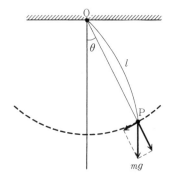

図4-1 重力振子

この微分方程式は非線形微分方程式である. θ が小さい微小振動に限ると, $\sin\theta\cong\theta$ と近似できて, (4.27)式は線形な方程式になる.

$$\theta''+\omega^2\theta = 0 \tag{4.28}$$

これは単振動の方程式である(第3章の例1.1).

重力場が時間とともに周期的に変化する場合を(あまり現実的な例ではないが)想定すると, g が t の関数となるので, ω はもはや定数ではない. $q(t) = \omega^2(t) = g(t)/l$ とおいて, 運動方程式は,

$$\theta''+q(t)\theta = 0 \tag{4.29}$$

となる. 変化の周期を T とすると, $q(t)$ は

$$q(t+T) = q(t) \tag{4.30}$$

を満たす. (4.29)式は2階の変数係数の線形微分方程式であり, 標準形である. ∎

[例3.2] ぶらんこ. 上の重力振子の問題(4.28)で, 振子の長さ l が一定ではなく, 周期的に変化するとする場合を考える(図4-2). 周期を T とすると $l(t+T)=l(t)$. この場合も振子の運動は上と同じ(4.29), (4.30)式で表わされる. ただし, $q(t)=\omega^2(t)=g/l(t)$. ∎

パラメター共鳴　　上の2つの問題は, 振動する系が孤立していないで, 外からの影響を受け, パラメターが時間とともに変化する系としてとらえることができる. この問題に共通して現われる2階の変数係数の線形微分方程式

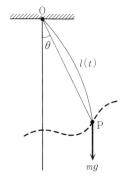

図 4-2

$$y'' + q(t)y = 0 \tag{4.31}$$

の解の性質を調べる．係数 $q(t)$ は**周期的**であると仮定する．

$$q(t+T) = q(t) \tag{4.32}$$

このときには，微分方程式(4.31)自身が $t \to t+T$ という変換に対して**不変**である．したがって，$y(t)$ が(4.31)式の解であれば，$y(t+T)$ もまた解である．

2階の方程式(4.31)が2つの異なる解 $y_1(t), y_2(t)$ をもつことは3-1節ですでに述べた．$y_1(t+T), y_2(t+T)$ もまた解であるから，それらは $y_1(t), y_2(t)$ の1次結合で書ける．

$$y_1(t+T) = a_{11}y_1(t) + a_{12}y_2(t)$$
$$y_2(t+T) = a_{21}y_1(t) + a_{22}y_2(t)$$

2次元ベクトルの言葉を用いれば，この式は

$$\begin{pmatrix} y_1(t+T) \\ y_2(t+T) \end{pmatrix} = A \begin{pmatrix} y_1(t) \\ y_2(t) \end{pmatrix} \tag{4.33}$$

ここで A は a_{ij} を要素とする 2×2 行列である．基本系 (y_1, y_2) を座標系とみなす解釈(3-2節)では，A は2次元空間上の写像になっている．

さて，基本系 (y_1, y_2) をうまく選ぶことにより，変換 $t \to t+T$ に際して，y_1 と y_2 が単に定数倍されるようにすることができる．

$$y_i(t+T) = \mu_i y_i(t) \qquad (i=1,2) \tag{4.34}$$

これは行列 A が対角になることを意味する．

$$A = \begin{pmatrix} \mu_1 & 0 \\ 0 & \mu_2 \end{pmatrix} \tag{4.35}$$

(4.34)式が成り立つときには，y_1 と y_2 は

$$y_i(t) = (\mu_i)^{t/T} \Pi_i(t)$$
$$\Pi_i(t+T) = \Pi_i(t) \tag{4.36}$$

という形に書ける．

写像 A は次のような性質をもつ．

(1) 基本系 (y_1, y_2) が周期的であれば，$A = 1$（単位行列）である．

(2) $|A| = \mu_1 \mu_2 = 1$.

[証明] (1) $y_i(t)$ が周期的であるためには，(4.36)式で $\mu_i = 1$ でなくてはならない．

(2) y_1 と y_2 が満たす微分方程式

$$y_1'' + q(t)y_1 = 0, \qquad y_2'' + q(t)y_2 = 0$$

にそれぞれ $-y_2$ と y_1 をかけて加え合わせると，

$$y_1 y_2'' - y_2 y_1'' = 0$$

この式を積分して，

$$y_1 y_2' - y_2 y_1' = W(y_1, y_2) = 定数 \tag{4.37}$$

が得られる．(4.36)の表式を(4.37)式に代入し，$t=0$ と $t=T$ での値を比べて，$\log(\mu_2/\mu_1)\Pi_1(0)\Pi_2(0) = \log(\mu_2/\mu_1)\mu_1\mu_2\Pi_1(T)\Pi_2(T)$．したがって，

$$|A| = \mu_1 \mu_2 = 1 \tag{4.38}$$

が得られる．▮

さて微分方程式(4.32)の係数 $q(t)$ は実関数であるから，$y(t)$ が解であれば，それに複素共役な関数 $y^*(t)$ も解でなければならない．そのためには，$\mu_i = \mu_i^*$（μ_i は実）か $\mu_1 = \mu_2^*$ のどちらかであることが必要である．(4.38)式も考えに入れると，

(a) $\mu_1 = 1/\mu_2 = \mu = 実数$

(b) $\mu_1 = \mu_2^* = e^{i\varphi}$

のどちらかである（図4-3）．その各々に対応する解は，

(a) $y_1(t) = \mu^{t/T}\Pi_1(t), \qquad y_2(t) = \mu^{-t/T}\Pi_2(t)$

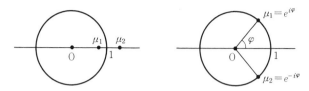

図 4-3　固有値 μ_1 と μ_2 の関係

（b）　$y_1(t) = y_2^*(t) = e^{i\varphi t/T} \Pi(t)$

$$(4.39)$$

$\Pi_1(t), \Pi_2(t)$ は実の周期関数，$\Pi(t)$ は複素の周期関数である．

　解(a)について，どちらか一方($|\mu| > 1$ なら y_1 で，$|\mu| < 1$ なら y_2)は時間とともに指数関数的に増大する．これは振子の（平衡の状態 $y = 0$ における）静止状態が安定でないことを意味している．なぜならば，振子の位置 y が 0 からほんのわずかずれただけで，時間 t が経つと，y は次第に増幅されていくからである．この現象は**パラメター共鳴**と呼ばれる．

　階数低下法　4-1 節で述べた斉次方程式の一般的な性質は 2 階($n = 2$)の方程式(4.22)にも当てはまり，(4.22)式は 2 つの互いに 1 次独立な解をもつ．いま，1 つの解 $y_1(x)$ が分かったとしよう．このとき，もう 1 つの解を求める方法がある．こんどもまた定数変化法を採用して（4-2 節とは違った目的で），

$$y(x) = u(x)y_1(x) \tag{4.40}$$

とおく．この式を(4.22)式に代入して

$$M_2(y) = u(y_1'' + py_1' + qy_1) + 2u_1'y_1' + u''y_1 + pu'y_1$$
$$= y_1 u'' + (2y_1' + py_1)u' = 0$$

が得られる．さらに，$u' = f$ とおいて，1 階の線形微分方程式が得られる．

$$y_1 f' + (2y_1' + py_1)f = 0 \tag{4.41}$$

微分方程式の（見かけの）階数を，2 階から 1 階へと下げることができた．このように，定数変化法を使って階数を下げる方法を**ダランベール**(d'Alembert)**の階数低下法**という．

　さて，(4.41)式は 1 階の変数分離形であり，2-1 節の解法が使える．この式

を

$$\frac{f'}{f} = -\frac{2y_1'}{y_1} - p$$

と書き直して，両辺を x について積分し，それらの指数関数を作る．

$$f(x) = c_2 (y_1(x))^{-2} \exp\left[-\int^x p(x')dx'\right] \tag{4.42}$$

が得られる．c_2 は積分定数である．f を x で積分すれば u が求まる．

$$u(x) = c_2 \int^x (y_1(x'))^{-2} \exp\left[-\int^{x'} p(x'')dx''\right]dx' + c_1 \tag{4.43}$$

c_1 は積分定数である．(4.43)式を初めの(4.40)式へ代入して，

$$y(x) = c_1 y_1(x) + c_2 y_2(x) \tag{4.44}$$

が得られる．$y_1(x)$ は元の解であり，新しい解 $y_2(x)$ は

$$y_2(x) = y_1(x) \int^x (y_1(x'))^{-2} \exp\left[-\int^{x'} p(x'')dx''\right]dx'$$

で与えられる．$y_1(x)/y_2(x) \neq$ 定数 であるから，y_1 と y_2 は互いに 1 次独立な解となっている．(4.44)式は 2 つの任意定数を含み，2 階の方程式(4.22)の一般解である．

例題 4-1 2 階の線形微分方程式

$$y'' - \frac{a}{x}y' + \frac{a}{x^2}y = 0 \tag{4.45}$$

は，$y_1 = x$ という解をもつことを確かめよ．また階数低下法により，もう 1 つの解を求めよ．

［解］ $y_1 = x$ が(4.45)式を満たすことは，代入してみれば直ちに分かる．次に，(4.42), (4.43)式で，$p(x) = -a/x$ とおいて，

$$f(x) = c_2 x^{-2} \exp[a \log x] = c_2 x^{a-2}$$

$$u(x) = c_2 \int^x (x')^{a-2}dx' + c_1$$

$$= \begin{cases} c_2' x^{a-1} + c_1, & c_2 = (a-1)c_2' \quad (a \neq 1) \\ c_2 \log x + c_1 & (a = 1) \end{cases}$$

が得られる. $u(x)$ を(4.40)式に代入して,

$$y(x) = \begin{cases} c_1 x + c_2' x^a & (a \neq 1) \\ (c_1 + c_2 \log x)x & (a = 1) \end{cases} \tag{4.46}$$

微分方程式(4.45)はオイラー(Euler)型の方程式と呼ばれるものの特殊な場合である(6-5節参照). ▌

非斉次方程式の解　4-2節で n 階の微分方程式(4.13)に関して, その特殊解を対応する斉次方程式の基本解 $z_1, z_2, \cdots, z_n$ を用いて表わす式を与えた((4.21)式). 2階の非斉次方程式

$$M_2(y) \equiv y'' + p(x)y' + q(x)y = r(x)$$

に対しては, 解をもうすこし見やすい形に書くことができる. 4-2節の処方により,

$$y(x) = u_1(x)z_1(x) + u_2(x)z_2(x)$$

とおき, u_1', u_2' に対する連立方程式

$$u_1' z_1 + u_2' z_2 = 0$$
$$u_1' z_1' + u_2' z_2' = r$$

を解く. 答は

$$u_1' = -\frac{z_2 r}{W(z_1, z_2)}, \qquad u_2' = \frac{z_1 r}{W(z_1, z_2)}$$

これを(4.21)式に代入して, 特殊解

$$Y(x) = -\int^x \frac{z_1(x)z_2(x') - z_2(x)z_1(x')}{W(z_1(x'), z_2(x'))} r(x') dx'$$

が得られる.

第4章 演習問題

[1] 次の方程式をオイラーの方程式という.

$$y'' + \frac{p}{x}y' + \frac{q}{x^2}y = 0$$

(a) この方程式を正規形(4.5)に直し, $\partial f/\partial y$, $\partial f/\partial y'$ を求めよ.

(b) 上の結果から, オイラーの方程式に対して解の存在と一意性の定理(定理1-3)の2つの前提条件が成り立つ x の領域 I を見つけよ.

[2] 例題4-1でオイラーの方程式

$$y'' - \frac{a}{x}y' + \frac{a}{x^2}y = 0$$

の解を求めたところ,

(1) $y_1 = x$, $\quad y_2 = x^a$ $\qquad (a \neq 1)$

(2) $y_1 = x$, $\quad y_2 = x\log x$ $\quad (a = 1)$

が得られた. それぞれの場合について, 2つの解のロンスキアンを計算せよ.

[3] 問題[2]の結果を用い, 非斉次方程式

$$y'' - \frac{a}{x}y' + \frac{a}{x^2}y = bx^\alpha \qquad (a \neq 1, \ \alpha \text{ は実定数})$$

の特解を求めよ.

5 連立線形微分方程式

5-1 連立1階微分方程式と高階単独微分方程式

前章までは未知関数(従属変数)が1つの微分方程式を扱ってきた. 物理学など
への応用という観点からみると, これは1個の質点の1次元運動など, 力学変
数が1個しかない場合に対応している. しかし実際の応用では, 複数の力学変
数で記述される系を扱うことが多い. その場合は未知関数が複数ある微分方程
式を解くことが必要となる.

　[例1.1]　変圧器. 3-1節の例1.2で, RLC と起電力 $E(t)$ からなる直列回
路を扱った. RL と $E(t)$ だけからなる直列回路に流れる電流 $I(t)$ に対しては,

$$LI' + RI = E(t)$$

という関係が成り立つ. 変圧器は同一の鉄芯に巻かれた1次コイルと2次コイ
ルからなる. 1次コイルは電源 $E(t)$ につながれていて, 2次コイルには外部
抵抗 R などの負荷がつながれている(図5-1). コイルは自己インダクタンス
L_1, L_2 と内部抵抗 R_1, R_2 をもつ. 2つのコイルの間には相互誘導作用 M があ
る. 2つの回路に流れる電流 I_1, I_2 に対して,

$$L_1 I_1' + M I_2' + R_1 I_1 = E(t)$$
$$L_2 I_2' + M I_1' + (R_2 + R) I_2 = 0$$

(5.1)

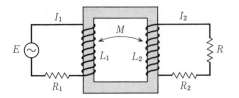

図5-1 *RL* 回路

という関係が成り立つ．したがって，変圧器に流れる電流 I_1, I_2 は2元の連立1階線形微分方程式で記述される． ∎

[例1.2] 1次元の調和格子．隣り合う質点がバネでつながれて1直線上に並んだ N 個の質点の系を**1次元格子**と呼ぶ（図5-2）．質点の質量がすべて同じで，バネの伸びに比例した力が働く1次元調和格子を考える．バネの弾性定数を $k = m\omega^2$ とする．質点は左から $k(y_i - y_{i-1})$ の力で引かれ，右から $k(y_{i+1} - y_i)$ の力で引かれる．したがって，質点 i の運動方程式は

$$y_i'' = \omega^2(y_{i+1} - y_i) - \omega^2(y_i - y_{i-1})$$
$$= \omega^2(y_{i+1} + y_{i-1} - 2y_i) \qquad (i = 2, \cdots, N-1) \tag{5.2a}$$

となる．両端の質点1と N は片側からしか力を受けないから，

$$y_1'' = \omega^2(y_2 - y_1)$$
$$y_N'' = -\omega^2(y_N - y_{N-1}) \tag{5.2b}$$

となる．(5.2)式は N 元の連立2階線形微分方程式である． ∎

$$y_1 \quad y_2 \quad y_3 \quad y_{N-1} \quad y_N$$

図5-2 1次元格子

連立1階線形微分方程式　　(5.1)式と(5.2)式はそれぞれ1階と2階の連立微分方程式である．前に述べたように，広い種類の微分方程式が1階の正規形

$$y_i' = f_i(x, y_j) \qquad (i = 1, 2, \cdots, n)$$

に直せる．ここでは，その中で特に線形の方程式を取り上げる．すなわち，n 個の未知関数を $y_1(x), y_2(x), \cdots, y_n(x)$ として，次の形の n 個の微分方程式の組を考える．

$$y_i' = \sum_{j=1}^{n} a_{ij}(x)y_j(x) + b_i(x) \qquad (i = 1, 2, \cdots, n) \tag{5.3}$$

この形の方程式を**連立1階線形微分方程式**という．特に $b_i(x) \equiv 0$ のものを斉次，$b_i(x) \not\equiv 0$ のものを非斉次という．

係数 $a_{ij}(x), b_i(x)$ は実関数とする．したがって，(5.3)式の解として実数解を考える．

例題 5-1 例1.1の(5.1)式を連立1階線形微分方程式(5.3)の形に直せ．

［解］　(5.1)式を I_1' と I_2' についての連立方程式とみなす．これを解いて，

$$\begin{aligned}
I_1' &= -\frac{L_2 R_1}{L_1 L_2 - M^2} I_1 + \frac{M(R_2 + R)}{L_1 L_2 - M^2} I_2 + \frac{L_2}{L_1 L_2 - M^2} E(t) \\
I_2' &= \frac{MR_1}{L_1 L_2 - M^2} I_1 - \frac{L_1(R_2 + R)}{L_1 L_2 - M^2} I_2 - \frac{M}{L_1 L_2 - M^2} E(t)
\end{aligned} \tag{5.4}$$

これは(5.3)の形である．

一方，例1.2の(5.2)式は N 元の連立2階線形微分方程式で，そのままでは(5.3)の形とは異なる．力学では質点系に関して，各座標 y_i に対応して運動量 p_i が定義でき，$p_i = my_i'$ で与えられる．N 個の新しい未知関数 p_i も取り入れると，自然に(5.2)式は(5.3)の形に帰着できる．すなわち，

$$\begin{aligned}
y_i' &= \frac{p_i}{m} \qquad (i = 1, 2, \cdots, N) \\
p_i' &= k(y_{i+1} + y_{i-1} - 2y_i) \qquad (i = 2, 3, \cdots, N-1) \\
p_1' &= k(y_2 - y_1), \qquad p_N' = -k(y_N - y_{N-1})
\end{aligned} \tag{5.5}$$

となり，$2N$ 元の連立1階微分方程式が得られる．∎

ベクトル形式　線形微分方程式(5.3)は，線形代数の言葉を用いると取扱いが簡単になる．y_i と $b_i(x)$ を n 成分縦ベクトル，$a_{ij}(x)$ を $n \times n$ 行列として，

$$\boldsymbol{y} = \begin{pmatrix} y_1 \\ y_2 \\ \vdots \\ y_n \end{pmatrix}, \qquad \boldsymbol{b} = \begin{pmatrix} b_1 \\ b_2 \\ \vdots \\ b_n \end{pmatrix}$$

$$A = \begin{pmatrix} a_{11} & a_{12} & \cdots & a_{1n} \\ a_{21} & a_{22} & \cdots & a_{2n} \\ \multicolumn{4}{c}{\cdots\cdots\cdots\cdots\cdots} \\ a_{n1} & a_{n2} & \cdots & a_{nn} \end{pmatrix}$$

と表わす. 横ベクトル $(y_1, y_2, \cdots, y_n)$ の**転置**を用いて,

$$\boldsymbol{y} = (y_1, y_2, \cdots, y_n)^{\mathrm{T}}$$

という表わし方も用いる. ベクトルの微分はその成分ごとの微分に等しいことを用いて, (5.3)式の左辺は

$$\begin{pmatrix} y_1' \\ y_2' \\ \vdots \\ y_n' \end{pmatrix} = \begin{pmatrix} y_1 \\ y_2 \\ \vdots \\ y_n \end{pmatrix}' = \boldsymbol{y}'$$

と表わされる. 次に, (5.3)式の右辺の第1項は行列 A とベクトル $\boldsymbol{y}$ の積として表わされる.

$$\begin{pmatrix} \sum_{j=1}^{n} a_{1j} y_j \\ \sum_{j=1}^{n} a_{2j} y_j \\ \vdots \\ \sum_{j=1}^{n} a_{nj} y_j \end{pmatrix} = \begin{pmatrix} a_{11} & a_{12} & \cdots & a_{1n} \\ a_{21} & a_{22} & \cdots & a_{2n} \\ \multicolumn{4}{c}{\cdots\cdots\cdots\cdots\cdots} \\ a_{n1} & a_{n2} & \cdots & a_{nn} \end{pmatrix} \begin{pmatrix} y_1 \\ y_2 \\ \vdots \\ y_n \end{pmatrix} = A\boldsymbol{y}$$

これらの表式を用いると, (5.3)式は次のように表わされる.

$$\boldsymbol{y}' = A(x)\boldsymbol{y} + \boldsymbol{b}(x) \tag{5.6}$$

斉次の場合は

$$\boldsymbol{y}' = A(x)\boldsymbol{y} \tag{5.7}$$

となる. (5.6)式または(5.7)式の解 $\boldsymbol{y}$ を **解ベクトル**と呼ぶ.

例題 5-2 例1.1の連立微分方程式(5.1)をベクトル形式で表わせ.

［解］
$$\boldsymbol{I} = \begin{pmatrix} I_1 \\ I_2 \end{pmatrix}, \quad A = \frac{1}{L_1 L_2 - M^2} \begin{pmatrix} -L_2 R_1 & M(R_2+R) \\ MR_1 & -L_1(R_2+R) \end{pmatrix}$$
$$\boldsymbol{b} = \frac{E(t)}{L_1 L_2 - M^2}(L_2, -M)^{\mathrm{T}}$$

とおくと，(5.4)式は

$$\boldsymbol{I}' = A\boldsymbol{I} + \boldsymbol{b}$$

と表わされる．▌

例題5-3　例1.2の1次元格子に対する連立方程式を，$N=3$ の場合について，ベクトル形式で表わせ．

[解]　$N=3$ の場合，y_i と p_i を合わせて，6成分のベクトル $\boldsymbol{y}=(y_1, y_2, \cdots, p_3)^\mathrm{T}$ を定義する．(5.5)式は次のようになる．

$$\boldsymbol{y}' = A\boldsymbol{y}, \quad A = \begin{pmatrix} & & & 1/m & 0 & 0 \\ & 0 & & 0 & 1/m & 0 \\ & & & 0 & 0 & 1/m \\ -k & k & 0 & & & \\ k & -2k & k & & 0 & \\ 0 & k & -k & & & \end{pmatrix} \quad ▌$$

連立微分方程式と高階微分方程式　　1-5節で述べた，n 階の単独微分方程式と n 元の連立1階微分方程式との関係は，線形方程式に関しては特に簡単な形になる．n 階の単独微分方程式

$$y^{(n)} + p_1(x)y^{(n-1)} + \cdots + p_n(x)y = 0 \tag{5.8}$$

に対して，新しい未知関数を

$$y_1 = y, \quad y_2 = y', \quad \cdots, \quad y_n = y^{(n-1)} \tag{5.9}$$

によって導入する．これらの変数を微分して，

$$\begin{aligned} y'_j &= y_{j+1} \quad (1 \leqq j \leqq n-1) \\ y'_n &= -p_1 y_n - p_2 y_{n-1} - \cdots - p_n y_1 \end{aligned} \tag{5.10}$$

が得られる．(5.8)式が1階の連立微分方程式に書き直された．$\boldsymbol{y}=(y_1, y_2, \cdots, y_n)^\mathrm{T}$ とおけば，(5.8)式はベクトル形式(5.7)に書ける．ここで，

$$A = \begin{pmatrix} 0 & 1 & & & \\ & 0 & 1 & & 0 \\ & & \ddots & \ddots & \\ & 0 & & 0 & 1 \\ -p_n & -p_{n-1} & \cdots & -p_2 & -p_1 \end{pmatrix}$$

すなわち，

$$a_{j,j+1} = 1, \qquad a_{n,j} = -p_{n-j+1} \qquad (j=1,2,\cdots,n-1)$$
他は 0

逆に，n 元連立の 1 階微分方程式を未知関数が 1 つの n 階微分方程式に書き直すことができる．一般の形の微分方程式に対してこれを示すことは難しいが，線形方程式に関しては，簡単に証明できる．斉次な方程式

$$y_i' = \sum_{j=1}^{n} a_{ij}(x)y_j \qquad (i=1,2,\cdots,n) \tag{5.11}$$

に対してこれを示す．

[証明]　n 個の未知関数の中から y_1 に注目し，(5.11)式を書き下す．

$$y_1' = \sum_{j=1}^{n} a_{1j}y_j = a_{11}y_1 + \sum_{j=2}^{n} a_{1j}y_j \tag{5.12}$$

$$y_i' = a_{i1}y_1 + \sum_{j=2}^{n} a_{ij}y_j \qquad (i \neq 1) \tag{5.13}$$

(5.12)式を微分し，(5.13)式を用いると，

$$\begin{aligned}
y_1'' &= a_{11}y_1' + a_{11}'y_1 + \sum_{j=2}^{n}(a_{1j}'y_j + a_{1j}y_j') \\
&= a_{11}y_1' + a_{11}'y_1 + \sum_{j=2}^{n}\left[a_{1j}'y_j + a_{1j}\left(a_{j1}y_1 + \sum_{k=2}^{n} a_{jk}y_k\right)\right] \\
&= a_{11}y_1' + \left(a_{11}' + \sum_{j=2}^{n} a_{1j}a_{j1}\right)y_1 + \sum_{k=2}^{n}\left(a_{1k}' + \sum_{j=2}^{n} a_{1j}a_{jk}\right)y_k
\end{aligned} \tag{5.14}$$

同様な操作を繰り返すと，

$$y_1^{(m)} = b_1 y_1^{(m-1)} + \cdots + b_m y_1 + \sum_{k=2}^{n} b_{mk}y_k \qquad (1 \leqq m \leqq n) \tag{5.15}$$

が得られる．ここで b_l, b_{lm} は a_{ij} およびそれらの微分の多項式である．この式を

$$\sum_{k=2}^{n} b_{mk}y_k = y_1^{(m)} - b_1 y_1^{(m-1)} - \cdots - b_m y_1 \tag{5.16}$$

と書き直し，$n-1$ 個の変数 $y_2,\cdots,y_n$ に関する n 元の連立方程式とみなす．右辺の非斉次項は $y_1^{(l)}$ について線形斉次である．したがって，(5.16)式から y_2,

$\cdots, y_n$ を消去すると，$y_1^{(l)}$ $(l=0,1,\cdots,n)$ について線形斉次な式，すなわち n 階の線形微分方程式が得られる．∎

例題 5-4 次の 2 元連立微分方程式を 2 階の単独微分方程式に直せ．

$$y_1' = a_{11}y_1 + a_{12}y_2 \qquad (5.17\text{a})$$
$$\qquad\qquad (a_{12}, a_{21} \neq 0)$$
$$y_2' = a_{21}y_1 + a_{22}y_2 \qquad (5.17\text{b})$$

［解］ (5.17a)式を微分して，

$$\begin{aligned}
y_1'' &= a_{11}'y_1 + a_{12}'y_2 + a_{11}y_1' + a_{12}y_2' \\
&= a_{11}'y_1 + a_{12}'y_2 + a_{11}y_1' + a_{12}(a_{21}y_1 + a_{22}y_2) \\
&= (a_{11}' + a_{12}a_{21})y_1 + a_{11}y_1' + (a_{12}' + a_{12}a_{22})y_2 \qquad (5.18)
\end{aligned}$$

(5.18)×a_{12}−(5.17a)×$(a_{12}' + a_{12}a_{22})$ を作ると，y_2 が消去できて，2 階の方程式

$$y_1'' + p_1(x)y_1' + p_2(x)y_1 = 0$$

が得られる．ここで

$$p_1 = -\left(a_{11} + a_{22} + \frac{a_{12}'}{a_{12}}\right)$$

$$p_2 = \frac{a_{11}a_{12}'}{a_{12}} - a_{11}' + a_{11}a_{22} - a_{12}a_{21} \qquad ∎$$

5-2 定数係数の 2 元連立方程式

第 3 章で，高階の線形微分方程式の基本的な性質の多くは，すでに 2 階の方程式が共有していることを述べた．連立方程式に関しても事情は似ていて，n 元連立線形微分方程式の基本的な性質は，すでに 2 元の連立方程式に現れる．

　この節と次の 2 つの節で 2 元の連立方程式を考察し，連立方程式の解がどのように構成されるか，その仕組みを見ていく．ここでは斉次な線形系

$$\boldsymbol{y}' = A(x)\boldsymbol{y} \qquad (5.19)$$

に話を限ることにする．斉次な方程式が解ければ，外力項 $\boldsymbol{b}(x)$ が加わった非斉次方程式

$$\boldsymbol{y}' = A(x)\boldsymbol{y} + \boldsymbol{b}(x) \qquad (5.20)$$

の解も求められるからである．このことは，5-5 節で n 元の連立方程式に関して述べることにしよう．

定数係数方程式と指数関数解　　この節では定数係数の連立方程式を扱う．

$$\boldsymbol{y}' = A\boldsymbol{y}, \qquad A = \begin{pmatrix} \alpha & \beta \\ \gamma & \delta \end{pmatrix} \tag{5.21}$$

この場合には解が具体的に求まり，解の基本的な性質も容易に理解できる．

[例 2.1]　簡単な場合として

$$y_1' = \omega y_2, \qquad y_2' = \omega y_1$$

を考える．ベクトル形式では，

$$\boldsymbol{y}' = A\boldsymbol{y}, \qquad A = \begin{pmatrix} 0 & \omega \\ \omega & 0 \end{pmatrix} \tag{5.22}$$

この式が指数関数解ベクトルをもつと想定し，

$$\boldsymbol{y}(x) = \begin{pmatrix} f_1 \\ f_2 \end{pmatrix} e^{\rho x} = \boldsymbol{f} e^{\rho x} \tag{5.23}$$

とおく．ここで $\boldsymbol{f}$ は定数ベクトルである．ベクトル $\boldsymbol{y}(x)$ の微分の定義から，

$$\boldsymbol{y}'(x) = \boldsymbol{f}(e^{\rho x})' = \rho \boldsymbol{f} e^{\rho x}$$

この式を (5.23) 式に代入すれば，$\rho \boldsymbol{f} e^{\rho x} = A e^{\rho x}$ が得られる．両辺を $e^{\rho x}$ で割ると，

$$(A - \rho E)\boldsymbol{f} = 0 \tag{5.24}$$

が得られる．ここで E は 2×2 の**単位行列**である．(5.24) 式は f_1, f_2 に対する連立方程式と読むことができる．この方程式が $\boldsymbol{f} = 0$ 以外の解をもつためには，その係数行列 $A - \rho E$ の行列式が 0 であることが必要十分である．この条件は

$$|A - \rho E| = \begin{vmatrix} -\rho & \omega \\ \omega & -\rho \end{vmatrix} = \rho^2 - \omega^2 = 0 \tag{5.25}$$

となる．その根は $\rho = \pm \omega$ である．

(5.24) あるいは (5.25) 式を**固有値方程式**，根 ρ を行列 A の**固有値**(eigenvalue)，対応する $\boldsymbol{f}$ を**固有ベクトル**(eigenvector)という．固有値 $\rho = \omega$ に対して，(5.24) 式は

$$\begin{pmatrix} -1 & 1 \\ 1 & -1 \end{pmatrix} \begin{pmatrix} f_1 \\ f_2 \end{pmatrix} = \begin{pmatrix} -f_1+f_2 \\ f_1-f_2 \end{pmatrix} = 0$$

となり，$f_1=f_2$ を得る．同様にして，$\rho=-\omega$ に対して，$f_1=-f_2$ を得る．結局，2 つの固有値に対応して，(5.24)式は 2 つの固有ベクトルをもつ．

$$\boldsymbol{f}_1 = \begin{pmatrix} 1 \\ 1 \end{pmatrix}, \quad \boldsymbol{f}_2 = \begin{pmatrix} 1 \\ -1 \end{pmatrix} \tag{5.26}$$

これらに対応して 2 つの指数関数解ベクトルが求まる．

$$\boldsymbol{y}_1(x) = \boldsymbol{f}_1 e^{\omega x}, \quad \boldsymbol{y}_2(x) = \boldsymbol{f}_2 e^{-\omega x} \tag{5.27}$$

固有ベクトル $\boldsymbol{f}$ を決める式(5.24)は $\boldsymbol{f}$ について線形斉次であるから，$\boldsymbol{f}_1$ と $\boldsymbol{f}_2$ は定数倍だけの不定性がある．∎

　上の結果は A が一般の定数行列である場合(5.21)へ拡張できる．こんども指数関数の解ベクトルを想定し，$\boldsymbol{y}(x)=\boldsymbol{f}e^{\rho x}$ とおく．まず，(5.21)の定数行列 A の固有値 ρ を求める．固有値方程式

$$|A-\rho E| = \begin{vmatrix} \alpha-\rho & \beta \\ \gamma & \delta-\rho \end{vmatrix} = \rho^2 - (\alpha+\delta)\rho + \alpha\delta - \beta\gamma$$
$$= 0 \tag{5.28}$$

を解いて，

$$\rho = \frac{1}{2}(\alpha+\delta\pm D) = \rho_1, \rho_2 \tag{5.29}$$

ここで，$D=\sqrt{(\alpha-\delta)^2+4\beta\gamma}$ である．ρ_1 に対応する固有ベクトルを $\boldsymbol{f}_1=(f_{11}, f_{21})^{\mathrm{T}}$ と書く．(5.24)式は

$$(A-\rho E)\boldsymbol{f}_1 = \frac{1}{2}\begin{pmatrix} \alpha-\delta-D & 2\beta \\ 2\gamma & -\alpha+\delta-D \end{pmatrix} \begin{pmatrix} f_{11} \\ f_{21} \end{pmatrix}$$
$$= 0$$

となり，

$$\frac{f_{11}}{f_{21}} = \frac{2\beta}{D-\alpha+\delta} = \frac{D+\alpha-\delta}{2\gamma}$$

が得られる．同様にして，ρ_2 に対応する固有ベクトル $\boldsymbol{f}_2=(f_{12}, f_{22})^{\mathrm{T}}$ が求まり，

$$\frac{f_{12}}{f_{22}} = \frac{-2\beta}{D+\alpha-\delta} = -\frac{D-\alpha+\delta}{2\gamma}$$

以上の結果から2つの解

$$\boldsymbol{y}_1(x) = \begin{pmatrix} 2\beta \\ D-\alpha+\delta \end{pmatrix} e^{\rho_1 x}, \qquad \boldsymbol{y}_2(x) = \begin{pmatrix} -2\beta \\ D+\alpha-\delta \end{pmatrix} e^{\rho_2 x} \tag{5.30}$$

が得られる.

　前節で，連立1階微分方程式と高階単独微分方程式の間の関係を導いた．例題5-4の結果を上で考えた定数行列の方程式(5.21)へ適用すると，2階の方程式

$$y_1'' - (\alpha+\delta)y_1' + (\alpha\delta - \beta\gamma)y_1 = 0 \tag{5.31}$$

が得られる．この方程式の指数関数解に対する特性方程式は

$$\rho^2 - (\alpha+\delta)\rho + (\alpha\delta - \beta\gamma) = 0$$

であり(3-2節)，連立方程式に対する固有値方程式(5.28)と一致する．2つの根(5.29)に対応して，2階の方程式(5.31)は2つの互いに1次独立な解

$$y_{11} = e^{\rho_1 x}, \qquad y_{12} = e^{\rho_2 x}$$

をもつ．これらの解は連立方程式の2つの解(5.30)と，$\boldsymbol{y}_1 = (y_{11}, y_{21})^{\mathrm{T}}$，$\boldsymbol{y}_2 = (y_{12}, y_{22})^{\mathrm{T}}$ という関係にある．2階の方程式(5.31)の一般解が

$$y_1(x) = ay_{11}(x) + by_{12}(x)$$

で与えられるのに対応して，連立方程式(5.21)の一般解は

$$\boldsymbol{y}(x) = a\boldsymbol{y}_1(x) + b\boldsymbol{y}_2(x)$$

と表わされる.

5-3　2元連立方程式の解の性質 I

前節の例では定数係数の連立方程式に話を限ったが，この節では，一般の変数係数の連立線形微分方程式

$$\boldsymbol{y}' = A(x)\boldsymbol{y}, \qquad A(x) = \begin{pmatrix} a_{11}(x) & a_{12}(x) \\ a_{21}(x) & a_{22}(x) \end{pmatrix} \tag{5.32}$$

を考える.

解の線形性　　(5.32)式が $\boldsymbol{y}$ と $\boldsymbol{y}'$ について線形斉次であることから，次の基本的な性質が導かれる．

$\boldsymbol{y}_1(x)$ と $\boldsymbol{y}_2(x)$ を(5.32)式の解とする．c_1, c_2 を(実の)定数として，

$$\boldsymbol{y}(x) = c_1 \boldsymbol{y}_1(x) + c_2 \boldsymbol{y}_2(x) \tag{5.33}$$

もまた(5.32)式の解である．

[証明]　和の微分の公式を用いて，

$$\boldsymbol{y}' = c_1 \boldsymbol{y}_1' + c_2 \boldsymbol{y}_2'$$

右辺に(5.32)式を代入して，

$$\boldsymbol{y}' = c_1 A \boldsymbol{y}_1 + c_2 A \boldsymbol{y}_2 = A(c_1 \boldsymbol{y}_1 + c_2 \boldsymbol{y}_2) = A \boldsymbol{y}$$

すなわち，(5.33)は(5.32)式の解である．■

関数ベクトルの1次独立性　　2元連立方程式の解の基本系を正確に定義するためには，第3章で定義した2つの関数の間の1次独立性を，2つの関数ベクトルの間の1次独立性へと拡張することが必要となる．ここで，その成分が x の関数であるベクトル $\boldsymbol{u}(x)$ を**関数ベクトル**と呼んだ．

2つの実関数ベクトル $\boldsymbol{u}_1(x)$ と $\boldsymbol{u}_2(x)$ に関して，少なくとも一方は0でないどんな(実の)定数 c_1, c_2 を選んでも，

$$c_1 \boldsymbol{u}_1(x) + c_2 \boldsymbol{u}_2(x) = 0 \tag{5.34}$$

が恒等的に成り立つことがないとき，それらのベクトルは互いに**1次独立**であるという．逆に，ある0でない定数 c_1, c_2 に対して(5.34)式が恒等的に成り立つとき，2つの関数ベクトル $\boldsymbol{u}_1(x), \boldsymbol{u}_2(x)$ は互いに**1次従属**であるという．

ベクトル $\boldsymbol{u}_1, \boldsymbol{u}_2$ を $\boldsymbol{u}_1 = (u_{11}, u_{21})^{\mathrm{T}}$，$\boldsymbol{u}_2 = (u_{12}, u_{22})^{\mathrm{T}}$ と表わし，(5.34)式を成分について書き下すと，

$$\begin{aligned} c_1 u_{11} + c_2 u_{12} &= 0 \\ c_1 u_{21} + c_2 u_{22} &= 0 \end{aligned} \tag{5.35}$$

この式は未知数 c_1, c_2 に対する連立方程式とみなすことができる．いま，2つの縦ベクトル $\boldsymbol{u}_1, \boldsymbol{u}_2$ を並べて 2×2 行列

$$U = (\boldsymbol{u}_1, \boldsymbol{u}_2) = \begin{pmatrix} u_{11} & u_{12} \\ u_{21} & u_{22} \end{pmatrix} \tag{5.36}$$

を作り，その行列式を $\Delta(\boldsymbol{u}_1, \boldsymbol{u}_2) = |U|$ で表わす．連立方程式(5.35)が $c_1 = c_2 = 0$ 以外の解をもつための必要条件は，$\Delta(\boldsymbol{u}_1, \boldsymbol{u}_2) = 0$ である．したがって，次のことがいえる．

2つの関数ベクトル $\boldsymbol{u}_1(x), \boldsymbol{u}_2(x)$ が互いに1次従属であれば，$\Delta(\boldsymbol{u}_1, \boldsymbol{u}_2) = 0$ である．逆に，$\Delta(\boldsymbol{u}_1, \boldsymbol{u}_2) \neq 0$ であれば，$\boldsymbol{u}_1(x), \boldsymbol{u}_2(x)$ は1次独立である．

上の考察を微分方程式(5.32)の解に対して適用する．$\boldsymbol{y}_1(x), \boldsymbol{y}_2(x)$ を(5.32)式の2つの解ベクトルとする．$\boldsymbol{y}_i = (y_{1i}, y_{2i})^{\mathrm{T}}$ $(i=1,2)$ と表わして，(5.32)式を成分で書き下すと，

$$
\begin{aligned}
y'_{1i} &= a_{11}y_{1i} + a_{12}y_{2i} \\
y'_{2i} &= a_{21}y_{1i} + a_{22}y_{2i}
\end{aligned}
\tag{5.37}
$$

となる．$\boldsymbol{y}_1, \boldsymbol{y}_2$ に関する行列式

$$
\Delta(\boldsymbol{y}_1, \boldsymbol{y}_2) = \begin{vmatrix} y_{11} & y_{12} \\ y_{21} & y_{22} \end{vmatrix}
\tag{5.38}
$$

を考える．(5.38)式の微分を計算する．行列式の微分は各行ごとに微分したものを足せばよい．

$$
\frac{d}{dx}\Delta(\boldsymbol{y}_1, \boldsymbol{y}_2) = \begin{vmatrix} y'_{11} & y'_{12} \\ y_{21} & y_{22} \end{vmatrix} + \begin{vmatrix} y_{11} & y_{12} \\ y'_{21} & y'_{22} \end{vmatrix}
\tag{5.39}
$$

微分方程式(5.37)を右辺に代入する．第1項は

$$
\begin{aligned}
\begin{vmatrix} y'_{11} & y'_{12} \\ y_{21} & y_{22} \end{vmatrix} &= \begin{vmatrix} a_{11}y_{11} + a_{12}y_{21} & a_{11}y_{12} + a_{12}y_{22} \\ y_{21} & y_{22} \end{vmatrix} \\
&= a_{11}\begin{vmatrix} y_{11} & y_{12} \\ y_{21} & y_{22} \end{vmatrix} + a_{12}\begin{vmatrix} y_{21} & y_{22} \\ y_{21} & y_{22} \end{vmatrix}
\end{aligned}
$$

右辺の第2項の行列式は0であり，第1項は $a_{11}\Delta(\boldsymbol{y}_1, \boldsymbol{y}_2)$ に等しい．(5.39)式の第2項も同様に計算でき，$a_{22}\Delta(\boldsymbol{y}_1, \boldsymbol{y}_2)$ に等しい．したがって，

$$
\Delta'(\boldsymbol{y}_1, \boldsymbol{y}_2) = \operatorname{tr} A \cdot \Delta(\boldsymbol{y}_1, \boldsymbol{y}_2)
\tag{5.40}
$$

が得られる．すなわち，行列式 $\Delta(\boldsymbol{y}_1, \boldsymbol{y}_2)$ は1階の線形微分方程式を満たす．ここで $\operatorname{tr} A \equiv a_{11} + a_{22}$ は行列 A の対角要素の和で，**行列の跡**(trace)という．上の微分方程式は直ちに積分できて，

$$\Delta(y_1, y_2;x) = \Delta_0 \exp\left[\int_{x_0}^{x} dx' \,\mathrm{tr}\, A(x') \right] \tag{5.41}$$

$\Delta(\boldsymbol{y}_1, \boldsymbol{y}_2)$ は $\boldsymbol{y}_1(x), \boldsymbol{y}_2(x)$ を通して x による. このことをはっきりさせるために, $\Delta(y_1, y_2;x)$ という書き方をした. Δ_0 は Δ の $x=x_0$ での値である.

(5.41)式で指数関数の因子は0となることがないから, 次のことがいえる.

連立微分方程式(5.32)に伴う行列式 $\Delta(\boldsymbol{y}_1, \boldsymbol{y}_2)$ は決して0にならない($\Delta_0 \neq 0$ のとき)か, あるいは恒等的に0である($\Delta_0=0$ のとき)かのどちらかである.

例題5-5　前節の定数係数の方程式(5.21)に関して, (5.30)の2つの解 $\boldsymbol{y}_1(x), \boldsymbol{y}_2(x)$ が互いに1次独立であることを確かめよ.

[解]　$\boldsymbol{y}_1, \boldsymbol{y}_2$ の行列式 Δ を計算すればよい.

$$\Delta(\boldsymbol{y}_1, \boldsymbol{y}_2) = [2\beta(D+\alpha-\delta)+2\beta(D-\alpha+\delta)]e^{(\rho_1+\rho_2)x}$$
$$= 4\beta D e^{(\rho_1+\rho_2)x}$$
$$\neq 0 \quad \blacksquare$$

解の存在と一意性について　　1-5節で, 連立1階微分方程式の, 特にその正規形

$$y_i' = f_i(x, y_j) \qquad (i=1, 2, \cdots, n) \tag{5.42}$$

に対して, 解の存在と一意性の定理(定理1-2)を述べた. 連立1階線形微分方程式に対しては, 定理の内容は簡単なものになる.

(5.32)式を(5.42)の形に表わすと, $n=2$ で,

$$f_i = \sum_{j=1}^{2} a_{ij}(x)y_j \qquad (i=1, 2) \tag{5.43}$$

である. したがって,

$$\frac{\partial f_i}{\partial y_j} = a_{ij}(x) \tag{5.44}$$

行列要素 $a_{ij}(x)$ が x について連続であるとき, **行列 $A(x)$ は x について連続である**という. いま, x のある区間 $I=(a, b)$ で行列 $A(x)$ が連続であるとする. (5.43), (5.44)式により, f_i および $\partial f_i/\partial y_j$ は x の区間 I で有界となる. す

なわち，1-5 節の定理 1-2 の 2 つの条件 (1.86) と (1.87) が満たされる．定理により，初期条件

$$y_i(x_0) = y_{i0} \qquad (x_0 \in I)$$

を満たす解 $y_i = \varphi_i(x)$ が存在し，一意的である．$\varphi_i(x)$ は I の全領域で定義される．

例題 5-6　次の連立方程式を解き，解が x のどの領域で定義されているかを調べよ．

$$\boldsymbol{y}' = \frac{\omega}{x} I \boldsymbol{y}, \quad I = \begin{pmatrix} 0 & 1 \\ 1 & 0 \end{pmatrix} \tag{5.45}$$

［解］　変数変換を行なって，行列 I が対角となるようにする．すなわち，

$$y_1 = u_1 + u_2, \quad y_2 = u_1 - u_2$$

とおくと，(5.45)式は

$$\begin{pmatrix} u_1' + u_2' \\ u_1' - u_2' \end{pmatrix} = \frac{\omega}{x} \begin{pmatrix} u_1 - u_2 \\ u_1 + u_2 \end{pmatrix}$$

となり，u_1 と u_2 が分離されて，

$$u_1' = \frac{\omega u_1}{x}, \quad u_2' = -\frac{\omega u_2}{x} \tag{5.46}$$

どちらの式も変数分離形であるから，積分することができる．$(\log u_1)' = \omega(\log x)'$，$(\log u_2)' = -\omega(\log x)'$ を積分して，

$$u_1(x) = c_1 x^\omega, \quad u_2(x) = c_2 x^{-\omega}$$

が得られる．c_1, c_2 は積分定数である．ベクトル形式では，

$$\boldsymbol{y}(x) = \begin{pmatrix} c_1 x^\omega + c_2 x^{-\omega} \\ c_1 x^\omega - c_2 x^{-\omega} \end{pmatrix} = c_1 \boldsymbol{y}_1(x) + c_2 \boldsymbol{y}_2(x) \tag{5.47}$$

ここで，$\boldsymbol{y}_1(x) = (1, 1)^{\mathrm{T}} x^\omega$，$\boldsymbol{y}_2(x) = (1, -1)^{\mathrm{T}} x^{-\omega}$．$(5.45)$式で，係数行列 $A(x) = \omega I / x$ は $x = 0$ を除いて連続である．したがって，解(5.47)は $x = 0$ を除いた x の全領域で定義されている．■

　微分方程式(5.45)は見かけは変数係数であるが，定数係数の方程式に直すことができる．そのためには，変数変換 $x = e^u$ を行なえばよい．$d\boldsymbol{y}/du = dx/du \cdot$

$dy/dx=xdy/dx$ を用いると, (5.45)式は $dy/du=\omega Iy$ となり, (5.22)式と同じ形になる.

　上の例では, うまい従属変数の変換によって, あるいはうまい変数変換によって, 連立方程式(5.45)が単純な形, (5.46)あるいは(5.22)式に帰着できた. このように, 従属変数または変数を上手に選ぶこつを身につけることが大事である.

　定理 1-2 を(5.32)式へ適用した上の考察から次のことがいえる.

　1階の連立線形微分方程式(5.32)は互いに独立な2つの解をもつ.

　[証明]　互いに独立な2つの解を作って見せればよい. 初期条件として, 次の2つの異なるものをとる.

$$y_{10}=\begin{pmatrix}1\\0\end{pmatrix},\quad y_{20}=\begin{pmatrix}0\\1\end{pmatrix}$$

それらの各々に対して, (5.32)式の解がただ1つ存在する. それらを $z_1(x)$, $z_2(x)$ と書く. 行列式 $\Delta(z_1,z_2)$ に対して,

$$\Delta_0=\Delta(z_1(x_0),z_2(x_0))=\begin{vmatrix}1&0\\0&1\end{vmatrix}=1\neq0$$

である. したがって, $z_1(x)$ と $z_2(x)$ は互いに1次独立である. ∎

　基本系　$y_1(x),y_2(x)$ を(5.32)式の互いに1次独立な2つの解ベクトルとする. それらの1次結合

$$y(x)=c_1y_1(x)+c_2y_2(x) \tag{5.48}$$

もまた(5.32)式の解であることはすでに述べた. さらに次のことがいえる.

　(5.32)式の任意の解は(5.48)の形に一意的に表わされる.

　[証明]　任意の解 $y(x)$ の初期値を $y(x_0)=y_0$ とする. 定数 c_1,c_2 を
$$c_1y_1(x_0)+c_2y_2(x_0)=y_0$$
が成り立つように決める. この式は c_1,c_2 についての連立方程式であり, その係数行列は $(y_1(x_0),y_2(x_0))$ である. $y_1(x)$ と $y_2(x)$ は互いに1次独立であるとしたから, 行列式 $\Delta(y_1(x_0),y_2(x_0))$ は0でなく, c_1 と c_2 が決まる. ここで,
$$z(x)=c_1y_1(x)+c_2y_2(x)$$
とおくと, $z(x)$ は(5.32)式の解であり, $y(x)$ と同じ初期条件 $z(x_0)=y_0$ を満

たすから，$z(x) \equiv y(x)$ でなければならず，上のことが示された．∎

(5.48)式は2つの任意パラメーターを含んでいて，(5.32)式の一般解である．このとき，上のような性質をもつ2つ解の組を**基本系**という．2元連立方程式の独立な解が2つ存在することは，解ベクトル $y(x)$ が2成分ベクトルであることと対応している．

[例3.1]　前節の定数係数の方程式(5.21)で，(5.30)の2つの指数関数解ベクトルは基本系である．∎

[例3.2]　例題5-6で，(5.47)の2つの解 y_1, y_2 は基本系である．∎

行列式 $\varDelta$ とロンスキアン　3-3節および4-1節で，2階の単独方程式の2つの解の間の1次独立性を調べるために，ロンスキアン $W(u,v)$ を導入した．2元の連立方程式に関しては，行列式 $\varDelta(u,v)$ がこれと似た役割りを果たす．実際，W と $\varDelta$ の間には次のような簡単な関係がある．5-1節の例題5-4で，2元の連立方程式

$$\begin{aligned} y_1' &= a_{11}y_1 + a_{12}y_2 \\ y_2' &= a_{21}y_1 + a_{22}y_2 \end{aligned} \qquad (a_{12}, a_{21} \neq 0) \tag{5.49}$$

が2階の方程式

$$y_1'' + p_1 y_1' + p_2 y_1 = 0 \tag{5.50}$$

と同等であることを示した．このとき，

$$p_1 = -\left(a_{11} + a_{22} + \frac{a_{12}'}{a_{12}}\right)$$

$$p_2 = \frac{a_{11}a_{12}'}{a_{12}} - a_{11}' + a_{11}a_{22} - a_{12}a_{21}$$

である．$u = (u_1, u_2)^{\mathrm{T}}$，$v = (v_1, v_2)^{\mathrm{T}}$ を連立方程式(5.49)の2つの解として，行列式

$$\varDelta(u,v) = \begin{vmatrix} u_1 & v_1 \\ u_2 & v_2 \end{vmatrix}$$

を作る．u, v に対応する，2階の方程式(5.50)の2つの解 u_1, v_1 からロンスキアン

$$W(u_1, v_1) = \begin{vmatrix} u_1 & v_1 \\ u_1' & v_1' \end{vmatrix} \tag{5.51}$$

を作る. W と $\varDelta$ はそれぞれ1階の微分方程式を満たす.

$$\frac{W'}{W} = (\log W)' = -p_1 = a_{11} + a_{22} + \frac{a_{12}'}{a_{12}} \tag{5.52}$$

$$\frac{\varDelta'}{\varDelta} = (\log \varDelta)' = a_{11} + a_{22} \tag{5.53}$$

$u_1' = a_{11}u_1 + a_{12}u_2$, $v_1' = a_{11}v_1 + a_{12}v_2$ を(5.51)式に代入して,

$$W = \begin{vmatrix} u_1 & v_1 \\ a_{11}u_1 + a_{12}u_2 & a_{11}v_1 + a_{12}v_2 \end{vmatrix} = a_{11} \begin{vmatrix} u_1 & v_1 \\ u_1 & v_1 \end{vmatrix} + a_{12} \begin{vmatrix} u_1 & v_1 \\ u_2 & v_2 \end{vmatrix}$$

右辺の第1項の行列式は0であるから,

$$W(u_1, v_1) = a_{12}\varDelta(\boldsymbol{u}, \boldsymbol{v}) \tag{5.54}$$

が得られる.

解空間　2元の連立方程式(5.32)に関して,その解 $\boldsymbol{y}(x)$ 全体の集合を V と書く. V を**線形空間**と考えて,微分方程式(5.32)の**解空間**という. V は2次元実線形空間である. その正確な意味は次のとおりである. 前節の初めに述べたように, V の要素である解 $\boldsymbol{y}(x)$ が線形性をもつから, V は線形空間である. 解 $\boldsymbol{y}(x)$ として実関数を考えるから, V は実空間である. V の中に基底 $\boldsymbol{y}_1(x), \boldsymbol{y}_2(x)$ を選んで,任意の要素 $\boldsymbol{y}(x)$ をそれらの1次結合で表わすことができる. したがって, V の**次元**は2, $\dim V = 2$ である.

5-4　2元連立方程式の解の性質 II

初期値問題　高階の単独微分方程式を扱った第3, 第4章では,初期値問題にはあまり触れなかった. 連立1階微分方程式に関して,この問題をすこし詳しく考察してみよう. それにより,相空間や解軌道という概念が導入される.

　まず,定数係数の微分方程式(5.22)を例にとって,初期値問題を実際に解いてみよう.

　[例4.1]　連立微分方程式

$$\boldsymbol{y}' = A\boldsymbol{y}, \quad A = \begin{pmatrix} 0 & \omega \\ \omega & 0 \end{pmatrix} \tag{5.55}$$

を次の初期条件の下で解く.

$$\boldsymbol{y}(x_0) = \begin{pmatrix} c_1 \\ c_2 \end{pmatrix} \tag{5.56}$$

この方程式の一般解はすでに例2.1で求めた. 初期条件(5.56)は

$$a\boldsymbol{y}_1(x_0) + b\boldsymbol{y}_2(x_0) = \begin{pmatrix} a \\ a \end{pmatrix} e^{\omega x_0} + \begin{pmatrix} b \\ -b \end{pmatrix} e^{-\omega x_0} = \begin{pmatrix} c_1 \\ c_2 \end{pmatrix}$$

となる. この式を解いて, $a = (c_1 + c_2)e^{-\omega x_0}/2$, $b = (c_1 - c_2)e^{\omega x_0}/2$. 初期値解は

$$\boldsymbol{y}(x) = \frac{1}{2}c_1(\boldsymbol{f}_1 e^{\omega(x-x_0)} + \boldsymbol{f}_2 e^{-\omega(x-x_0)})$$

$$+ \frac{1}{2}c_2(\boldsymbol{f}_1 e^{\omega(x-x_0)} - \boldsymbol{f}_2 e^{-\omega(x-x_0)}) \tag{5.57}$$

ここで, $\boldsymbol{f}_1 = (1,1)^{\mathrm{T}}$, $\boldsymbol{f}_2 = (1,-1)^{\mathrm{T}}$. 3-2節で述べたのと同じ事情で, 基本系の選び方には任意性がある. $\boldsymbol{y}_1(x), \boldsymbol{y}_2(x)$ の代りに,

$$\begin{aligned} \boldsymbol{z}_1(x) &\equiv \frac{1}{2}\left[e^{-\omega x_0}\boldsymbol{y}_1(x) + e^{\omega x_0}\boldsymbol{y}_2(x)\right] = \begin{pmatrix} \cosh \omega(x-x_0) \\ \sinh \omega(x-x_0) \end{pmatrix} \\ \boldsymbol{z}_2(x) &\equiv \frac{1}{2}\left[e^{-\omega x_0}\boldsymbol{y}_1(x) - e^{\omega x_0}\boldsymbol{y}_2(x)\right] = \begin{pmatrix} \sinh \omega(x-x_0) \\ \cosh \omega(x-x_0) \end{pmatrix} \end{aligned} \tag{5.58}$$

を選ぶ. $\boldsymbol{z}_1(x), \boldsymbol{z}_2(x)$ は次の簡単な初期条件を満たす.

$$\boldsymbol{z}_1(x_0) = \begin{pmatrix} 1 \\ 0 \end{pmatrix}, \quad \boldsymbol{z}_2(x_0) = \begin{pmatrix} 0 \\ 1 \end{pmatrix} \tag{5.59}$$

基本系 $\boldsymbol{z}_1(x), \boldsymbol{z}_2(x)$ に対しては, 初期値解が次の簡単な形に表わされるという利点がある.

$$\boldsymbol{y}(x) = c_1\boldsymbol{z}_1(x) + c_2\boldsymbol{z}_2(x) \tag{5.60}$$

　上の2つの式は行列を用いて書くと見やすくなる. そのために, 2つの解ベクトル $\boldsymbol{z}_1(x), \boldsymbol{z}_2(x)$ を並べて, 2×2行列を作る.

$$Z(x) = (\boldsymbol{z}_1(x), \boldsymbol{z}_2(x)) = \begin{pmatrix} z_{11} & z_{12} \\ z_{21} & z_{22} \end{pmatrix}$$

$$= \begin{pmatrix} \cosh \omega(x-x_0) & \sinh \omega(x-x_0) \\ \sinh \omega(x-x_0) & \cosh \omega(x-x_0) \end{pmatrix} \tag{5.61}$$

初期値解(5.60)と初期条件(5.59)は

$$\boldsymbol{y}(x) = Z(x)\boldsymbol{c}$$

$$Z(x_0) = \boldsymbol{E}$$

となる. ▌

　上で述べた初期値問題を扱う方法は, 一般の変数係数の連立方程式(5.32)にも適用できる.

$$\boldsymbol{y}' = A(x)\boldsymbol{y} \tag{5.62}$$

$\boldsymbol{y}_1(x), \boldsymbol{y}_2(x)$ をこの式の基本系として, それらを並べて 2×2 行列を作る.

$$Y(x) = (\boldsymbol{y}_1(x), \boldsymbol{y}_2(x)) = \begin{pmatrix} y_{11} & y_{12} \\ y_{21} & y_{22} \end{pmatrix} \tag{5.63}$$

この行列は**基本行列**と呼ばれ, 次の性質で特徴づけられる.

　基本行列 $Y(x)$ は線形な行列微分方程式

$$Y' = A(x)Y \tag{5.64}$$

の解であり, $|Y| \neq 0$ を満たす.

　[証明]　行列 $Y(x)$ の微分はその要素 $y_{ij}(x)$ の微分で与えられ, $Y' = (\boldsymbol{y}_1',$ $\boldsymbol{y}_2')$. (5.62)式を用いて,

$$Y' = (\boldsymbol{y}_1', \boldsymbol{y}_2') = (A\boldsymbol{y}_1, A\boldsymbol{y}_2) = A(\boldsymbol{y}_1, \boldsymbol{y}_2) = AY$$

が得られる. ▌

　微分方程式(5.62)に関して, 初期値問題

$$\boldsymbol{y}(x_0) = \boldsymbol{c} \tag{5.65}$$

を考える. 基本行列の中で, 初期条件

$$Z(x_0) = \boldsymbol{E} \tag{5.66}$$

を満たすものを $Z(x) = (\boldsymbol{z}_1(x), \boldsymbol{z}_2(x))$ とする. 基本系 $\boldsymbol{z}_1(x), \boldsymbol{z}_2(x)$ は初期条件 $\boldsymbol{z}_1(x_0) = (1, 0)^{\mathrm{T}}, \boldsymbol{z}_2(x_0) = (0, 1)^{\mathrm{T}}$ に対応する. 上の2つの式から, 初期値解が

$$\boldsymbol{y}(x) = Z(x)\boldsymbol{c} \tag{5.67}$$

で与えられることが分かる.

　連立微分方程式(5.62)の基本系が与えられれば基本行列 $Y(x)$ が構成でき,

$Y(x)$ は行列微分方程式(5.64)に従うことを述べた. 逆に, 次のことがいえる.

行列方程式(5.64)の解 $Y(x)$ が与えられ, $|Y| \neq 0$ であれば, $Y(x)$ は基本行列である. なぜならば, $\boldsymbol{y}_1 \equiv (y_{11}, y_{21})^{\mathrm{T}}$, $\boldsymbol{y}_2 \equiv (y_{12}, y_{22})^{\mathrm{T}}$ とおくと, $\boldsymbol{y}_1, \boldsymbol{y}_2$ は(5.62)式の解であり, $\varDelta(\boldsymbol{y}_1, \boldsymbol{y}_2) = |Y| \neq 0$ であるから, 互いに1次独立である.

以上をまとめると, 連立微分方程式(5.62)を解くことは, 行列微分方程式(5.64)の解を求めることと同等である.

例題 5-7 例題 5-6 の連立方程式(5.45)に対応する行列方程式

$$U' = \frac{\omega}{x} IU, \quad I = \begin{pmatrix} 0 & 1 \\ 1 & 0 \end{pmatrix} \tag{5.68}$$

を解け(後での便宜上, 行列を Y の代りに U で表わした).

［解］ 上の式に右から U^{-1} を掛けて,

$$U'U^{-1} = (\log U)' = x^{-1}\omega I = \omega(\log x)'I$$

となる. この式を積分して, $\log \dfrac{U}{U_0} = \omega\Big(\log \dfrac{x}{x_0}\Big)I$. x_0 は定数, U_0 は定数行列である. この式の指数関数をとって,

$$\frac{U}{U_0} = \exp\Big[\omega \log\Big(\frac{x}{x_0}\Big)I\Big] \tag{5.69}$$

が得られる. 指数関数を級数展開して, $I^{2n} = E$, $I^{2n+1} = I$ を用いて,

$$\frac{U}{U_0} = \Big\{1 + \frac{1}{2}\Big(\omega \log \frac{x}{x_0}\Big)^2 + \cdots\Big\}E + \Big\{\omega \log \frac{x}{x_0} + \frac{1}{6}\Big(\omega \log \frac{x}{x_0}\Big)^3 + \cdots\Big\}I$$

となる. 第1行は $\cosh\Big(\omega \log \dfrac{x}{x_0}\Big)$, 第2行は $\sinh\Big(\omega \log \dfrac{x}{x_0}\Big)$ に等しいから, 上の式は

$$\begin{aligned}
\frac{U}{U_0} &= \frac{1}{2}\Big[\Big(\frac{x}{x_0}\Big)^{\omega} + \Big(\frac{x}{x_0}\Big)^{-\omega}\Big]E + \frac{1}{2}\Big[\Big(\frac{x}{x_0}\Big)^{\omega} - \Big(\frac{x}{x_0}\Big)^{-\omega}\Big]I \\
&= \frac{1}{2}\begin{pmatrix} (x/x_0)^{\omega} + (x/x_0)^{-\omega} & (x/x_0)^{\omega} - (x/x_0)^{-\omega} \\ (x/x_0)^{\omega} - (x/x_0)^{-\omega} & (x/x_0)^{\omega} + (x/x_0)^{-\omega} \end{pmatrix}
\end{aligned} \tag{5.70}$$

という形になる. ∎

ここで得られた解 $U = (\boldsymbol{u}_1, \boldsymbol{u}_2)$ と例題 5-6 における解 $Y = (\boldsymbol{y}_1, \boldsymbol{y}_2)$ とを比べ

ると，次のような関係にある．

$$\boldsymbol{u}_1 = x_0^{-\omega}\boldsymbol{y}_1 + x_0^{\omega}\boldsymbol{y}_2, \qquad \boldsymbol{u}_2 = x_0^{-\omega}\boldsymbol{y}_1 - x_0^{\omega}\boldsymbol{y}_2$$

$$U = Y\begin{pmatrix} x_0^{-\omega} & x_0^{\omega} \\ x_0^{-\omega} & -x_0^{\omega} \end{pmatrix} \tag{5.71}$$

相空間　(5.62)式の初期値問題は，質点系の力学の問題との類似性から，相空間というものを用いると見やすい形に表現できる．1次元格子振動のとき（例題5-1）と同じように，未知関数ベクトル $\boldsymbol{y}(x)$ を質点系の位置と速度の座標に対応するものとし，x を時間とみなす．このとき，$\boldsymbol{y}=(y_1, y_2)$ を座標とする（いまの場合は2次元の）空間 M を（(5.62)式に対応する力学系の）**相空間**（phase space）という．$\boldsymbol{y}(x)$ は M 内の1点であり，"時間" x を変えていくと，$\boldsymbol{y}(x)$ は M 内を動く．したがって，1つの解 $\boldsymbol{y}(x)$ に M 内の1つの曲線が対応する．この曲線を**解軌道**（orbit）という．

［例4.2］　例2.1で扱った定数係数の微分方程式(5.22)を考える．その一般解は

$$y_1(x) = ae^{\omega x} + be^{-\omega x}, \qquad y_2(x) = ae^{\omega x} - be^{-\omega x} \tag{5.72}$$

で与えられる．$y_1^2 - y_2^2$ を計算すると，$a^2e^{2\omega x}$ と $b^2e^{-2\omega x}$ の項は打ち消し合って，

$$y_1^2 - y_2^2 = 4ab$$

が得られる．この式が解軌道を表わし，$ab \neq 0$ であれば双曲線，$ab=0$ であれ

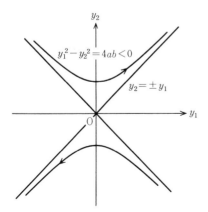

図 5-3　解軌道 $y_1^2 - y_2^2 = 4ab$
（$ab < 0$ の場合）

ば原点を通る 2 本の直線 $y=\pm 1$ を表わす．図 5-3 では，$ab<0$ の場合の双曲線を示した．矢印は x が大きくなるにつれての運動の方向を示す．原点を除くと，相空間 M 内の 1 点を通る解軌道はつねに 1 つである．これは初期値解が一意的であることを意味している．$ab=0$ のときは原点は 2 つの解軌道が通る．これは原点 $y_1=y_2=0$ が解軌道曲線上の特異点であることを意味している．パラメター ab の値を変えると軌道の位置が動き，解(5.72)の全体は相空間 M を構成する．▌

　一般に，xy 平面上の曲線は方程式 $\varphi(x,y)=0$ によって表わされる(2-6 節)．曲線 C 上の点 P で $\partial\varphi/\partial x=\partial\varphi/\partial y=0$ であるとき，点 P は C 上の**特異点**であるという．特異点 P では一意的で滑らかな曲線の傾きが定義できない．

例題 5-8　連立方程式
$$y_1' = y_2, \qquad y_2' = \omega^2 y_1$$
に関して，その解軌道を求めよ．

　[解]　y_1 は 2 階の単独方程式 $y_1''+\omega^2 y_1=0$ を満たす．その解は単振動である．
$$y_1 = A \cos(\omega x+\phi), \qquad y_2 = -\omega A \sin(\omega x+\phi)$$
この式から
$$y_1^2+\frac{y_2^2}{\omega^2} = A^2$$

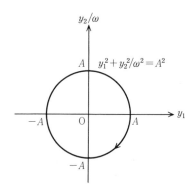

図 5-4　解軌道 $y_1^2+y_2^2/\omega^2=A^2$

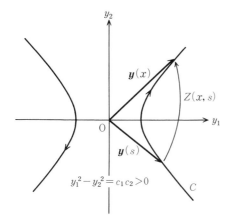

図 5-5　例題 5-6 の解軌道
とその上の写像

が得られる．この式が解軌道を表わし，$A \neq 0$ であれば y_1-y_2/ω 平面上の円を表わす(図 5-4．円上の矢印は運動の方向を示す)．▎

例 4.2 では解軌道が双曲線で無限遠まで広がっているのに対し，例題 5-8 では解軌道は円で有界である．

相空間上の写像　初期値問題に戻り，基本行列 $Z(x)$ の意味を考えてみる．$Z(x)$ を構成するには，変数 x の 1 点 x_0 を基準とした．このことを明示することが必要なときには $Z(x, x_0)$ と書く．この書き方では，初期値解(5.67)は

$$\boldsymbol{y}(x) = Z(x, s)\boldsymbol{y}(s) \tag{5.73}$$

となる．右辺のベクトル $\boldsymbol{y}(s)$ は相空間 M 内の初期値を表わすのに対し，左辺の $\boldsymbol{y}(x)$ は点 $\boldsymbol{y}(s)$ を通る解軌道上の 1 点を表わす．例題 5-6 の場合に，この様子を図 5-5 に示す．基本行列 $Z(x, s)$ は 1 つの解軌道 C 上の 1 点 $\boldsymbol{y}(s)$ を他の点 $\boldsymbol{y}(x)$ へ移す**写像**とみなすことができる．この写像 $Z(x, s)$ を**解作用素**あるいは**レゾルベント行列**と呼ぶ．

レゾルベント行列は次のような性質をもつ．

（i）　次のような意味で，$Z(x, s)$ は**線形写像**である．$\boldsymbol{c}_1, \boldsymbol{c}_2$ を M 内の 2 点として，それらの各々を通る軌道上の点を $\boldsymbol{y}_1(x), \boldsymbol{y}_2(x)$ とする．

$$\boldsymbol{y}_1(x) = Z(x)\boldsymbol{c}_1, \qquad \boldsymbol{y}_2(x) = Z(x)\boldsymbol{c}_2$$

このとき，α_1, α_2 を任意の実数として

$$Z(x)(\alpha_1 \boldsymbol{c}_1 + \alpha_2 \boldsymbol{c}_2) = \alpha_1 \boldsymbol{y}_1 + \alpha_2 \boldsymbol{y}_2$$

が成り立つ.

(ii) $|Z| \neq 0$ であるから，写像 Z は逆 Z^{-1} をもつ. Z は $\boldsymbol{y}=0$ の点を除いて **1 対 1 写像**(one-to-one mapping)である.（5.73)式に左から $Z^{-1}(x, s)$ を掛けると，$\boldsymbol{y}(s) = Z^{-1}(x,s)\boldsymbol{y}(x)$ となるから，

$$Z^{-1}(x,s) = Z(s,x) \tag{5.74}$$

が得られる. この式で $x=s$ を考えると

$$Z(x,x) = \boldsymbol{E}$$

が得られる.

(iii) 2つの写像 $Z(x,u)$ と $Z(u,s)$ に対して，その積が定義できる.

$$Z(x,u)Z(u,s) = Z(x,s) \tag{5.75}$$

5-5 連立1階方程式の一般論

前節までの2元連立1階微分方程式に対する考察は，ほぼそのまま n 元の連立方程式に適用できる. これまでに得られた関係式を行列形式で書いておけば，n 成分ベクトルと $n \times n$ 行列に対しても成り立つからである. いろいろな関係式や性質は2元の場合と同じ方法で導けるから，証明は省いて結論だけを述べる.

次の形の微分方程式を扱う.

$$\boldsymbol{y}' = A(x)\boldsymbol{y} + \boldsymbol{b}(x) \tag{5.76}$$

$\boldsymbol{y}$ と $\boldsymbol{b}(x)$ は n 成分縦ベクトル，$A(x)$ は $n \times n$ 行列である. $x=x_0$ で初期条件を課す.

$$\boldsymbol{y}(x_0) = \boldsymbol{y}_0 \tag{5.77}$$

解の存在と一意性 第1章の定理1-3は(5.76)式に適用できる. 行列 $A(x)$ が連続である x の区間 I において，(5.76)の解 $\boldsymbol{y} = \boldsymbol{\varphi}(x)$ で初期条件(5.77)を満たすものが存在し，しかもただ1つに決まることがいえる. ただし，x_0 は I 内の点であるとする.

関数ベクトルの1次独立性　　(5.76)式の解の性質を調べるために，n 成分関数ベクトルの間の1次独立性を定義しておく．

k 個の n 成分実関数ベクトル $\boldsymbol{u}_1(x), \boldsymbol{u}_2(x), \cdots, \boldsymbol{u}_k(x)$ に関して，恒等式

$$c_1 \boldsymbol{u}_1(x) + \cdots + c_k \boldsymbol{u}_k(x) = 0 \qquad (c_i：実の定数)$$

が $c_1 = c_2 = \cdots = c_k = 0$ を意味するとき，それらのベクトルは互いに**1次独立**であるという．少なくとも1つは0でない c_i の組に対して上の式が成り立つとき，それらのベクトルは**1次従属**であるという．

n 個の関数ベクトル $\boldsymbol{u}_i = (u_{1i}, u_{2i}, \cdots, u_{ni})^{\mathrm{T}}$ を並べて $n \times n$ 行列を作る．

$$U = (\boldsymbol{u}_1, \boldsymbol{u}_2, \cdots, \boldsymbol{u}_n) = \begin{pmatrix} u_{11} & u_{12} & \cdots & u_{1n} \\ u_{21} & u_{22} & \cdots & u_{2n} \\ \cdots\cdots\cdots\cdots\cdots \\ u_{n1} & u_{n2} & \cdots & u_{nn} \end{pmatrix} \tag{5.78}$$

その行列式を $\Delta(\boldsymbol{u}_1, \boldsymbol{u}_2, \cdots, \boldsymbol{u}_n) = |U|$ で表わすと，次のことがいえる．

n 個の関数ベクトル $\boldsymbol{u}_i(x)$ が互いに1次従属であれば，$\Delta(\boldsymbol{u}_1, \boldsymbol{u}_2, \cdots, \boldsymbol{u}_n) = 0$ である．逆に $\Delta(\boldsymbol{u}_1, \boldsymbol{u}_2, \cdots, \boldsymbol{u}_n) \neq 0$ であれば，n 個のベクトル $\boldsymbol{u}_i$ は互いに1次独立である．

a)　斉次方程式

この小節では(5.76)式で $\boldsymbol{b} \equiv 0$ とした斉次な方程式を扱う．

$$\boldsymbol{y}' = A(x)\boldsymbol{y} \tag{5.79}$$

解の線形性，基本系と解空間　　(5.79)式は $\boldsymbol{y}$ と $\boldsymbol{y}'$ について線形斉次であり，次の基本的な性質をもつ．

$\boldsymbol{y}_1(x), \boldsymbol{y}_2(x), \cdots, \boldsymbol{y}_k(x)$ を(5.4)式の k 個の解とする．$c_1, c_2, \cdots, c_k$ を実の定数として，

$$\boldsymbol{y}(x) = c_1 \boldsymbol{y}_1(x) + c_2 \boldsymbol{y}_2(x) + \cdots + c_k \boldsymbol{y}_k(x) \tag{5.80}$$

もまた(5.79)式の解である(重ね合わせの原理)．

n 元連立方程式(5.79)は n 個の異なる解をもつことがいえる．実際，初期条件として，次の n 個のものを考える．

$$\boldsymbol{y}_{10} = \begin{pmatrix} 1 \\ 0 \\ \vdots \\ 0 \end{pmatrix}, \ \boldsymbol{y}_{20} = \begin{pmatrix} 0 \\ 1 \\ \vdots \\ 0 \end{pmatrix}, \ \cdots, \ \boldsymbol{y}_{n0} = \begin{pmatrix} 0 \\ 0 \\ \vdots \\ 1 \end{pmatrix} \tag{5.81}$$

それらに対応する(5.79)の解を $z_1(x), z_2(x), \cdots, z_n(x)$ と書く. $\Delta(z_1, z_2, \cdots, z_n) \neq 0$ が示せるから, $z_1(x), z_2(x), \cdots, z_n(x)$ は互いに1次独立な解である. 行列式 Δ は線形な微分方程式を満たし, この微分方程式は積分できる.

$$\Delta'(\boldsymbol{y}_1, \boldsymbol{y}_2, \cdots, \boldsymbol{y}_n) = \operatorname{tr} A(x) \Delta(\boldsymbol{y}_1, \boldsymbol{y}_2, \cdots, \boldsymbol{y}_n)$$

$$\Delta(\boldsymbol{y}_1, \boldsymbol{y}_2, \cdots, \boldsymbol{y}_n) = \Delta_0 \exp\left[\int_{x_0}^{x} dx' \operatorname{tr} A(x')\right]$$

ここで, $\Delta_0 \equiv \Delta(\boldsymbol{y}_{10}, \boldsymbol{y}_{20}, \cdots, \boldsymbol{y}_{n0}) \neq 0$ である. さらに次のことがいえる.

$\boldsymbol{y}_1(x), \boldsymbol{y}_2(x), \cdots, \boldsymbol{y}_n(x)$ を(5.79)式の互いに1次独立な n 個の解とする.

(5.79)式の任意の解はそれらの1次結合

$$\boldsymbol{y}(x) = c_1 \boldsymbol{y}_1(x) + c_2 \boldsymbol{y}_2(x) + \cdots + c_n \boldsymbol{y}_n(x) \tag{5.82}$$

の形に一意的に表わせる. この式は(5.79)式の一般解である.

このような性質をもつ n 個の解の組を**基本系**あるいは基本解ベクトルと呼ぶ. n 個の解ベクトルを(5.78)式のように並べて, $n \times n$ 行列

$$Y(x) = (\boldsymbol{y}_1(x), \boldsymbol{y}_2(x), \cdots, \boldsymbol{y}_n(x)) \tag{5.83}$$

を作り, **基本行列**と呼ぶ.

基本行列 $Y(x)$ は線形の微分方程式を満たす.

$$Y' = A(x) Y \tag{5.84}$$

連立方程式(5.79)の一般解を求めることは行列微分方程式(5.84)を解くことと等価であることが示された.

上で述べてきたことから, (5.79)式の解空間が n 次元の実線形空間であることはすでに明らかであろう.

初期値問題と解作用素　　微分方程式(5.79)に関して, 初期条件を改めて

$$\boldsymbol{y}(x_0) = \boldsymbol{c} \tag{5.85}$$

と書く. 基本行列の中で初期条件

$$Y(x_0) = 1$$

を満たすものを

$$Z(x) = (z_1(x), z_2(x), \cdots, z_n(x))$$

と書く. $z_i(x)$ は(5.81)式の初期条件 $z_i(x_0) = y_{i0}$ を満たす解ベクトルである. このとき, (5.79)式の初期値解は

$$\boldsymbol{y}(x) = Z(x, x_0)\boldsymbol{c} \tag{5.86}$$

で与えられる. 基準点を明示して, $Z(x)$ の代りに $Z(x, x_0)$ と書いた. $Z(x, x_0)$ を**解作用素**という.

解作用素に幾何学的な意味づけをするためには, 相空間を考える. n 元連立方程式(5.79)の相空間 M は $(y_1, y_2, \cdots, y_n)$ を座標軸とする n 次元空間である. 1つの解 $\boldsymbol{y}(x)$ に M 内の1つの曲線(解軌道)が対応する. 1つの解軌道 C 上の2点を $\boldsymbol{y}(s), \boldsymbol{y}(x)$ とすると, 両者は解作用素を通して

$$\boldsymbol{y}(x) = Z(x, s)\boldsymbol{y}(s) \tag{5.87}$$

という関係にある. すなわち, 解作用素は M 内の1つの解軌道 C 上の1点を C 上の別の点へ写す写像である.

n 元連立の場合の解作用素 $Z(x, s)$ は2元連立の場合と同じ性質をもつ. 前節の終りに詳しく述べたので, ここでは繰り返さない.

b) 非斉次方程式

非斉次方程式(5.76)の解と斉次方程式(5.79)の解との間には, 単独2階方程式の場合の2つの解の間の関係(4-2節)と類似な関係がある. (5.76)式の1つの特殊解を $\boldsymbol{t}(x)$ とおく. これに斉次方程式(5.79)の一般解(5.80)を足したもの

$$\boldsymbol{y}(x) = \sum_{i=1}^{n} c_i \boldsymbol{y}_i(x) + \boldsymbol{t}(x) \tag{5.88}$$

もやはり(5.76)式の解になっている. この解は n 個の任意パラメターを含み, (5.76)式の一般解である.

定数変化法 上のように斉次方程式の基本系 $\boldsymbol{y}_i(x)$ が求まっているときには, 定数変化法によって非斉次方程式(5.76)の解 $\boldsymbol{y}(x)$ が簡単に作れる. そのためには, 単独1階線形微分方程式の場合(3-2節を見よ)の関係式をベクトルと行列の関係式として読み換えるだけでよい. 行列を用いた形式はこのように重宝なものであるから, 早く身につけて欲しい. 斉次方程式(5.79)の基本行列

$Y(x)$ をもってきて,

$$\boldsymbol{y}(x) = Y(x)\boldsymbol{v}(x) \tag{5.89}$$

と置く. 斉次方程式では定数ベクトルであった $\boldsymbol{v}$ を関数ベクトルに昇格させた. 上の式は単独方程式の場合の(2.28)式 $y(x)=z(x)a(x)$ の行列版に過ぎない. 上の式を(5.76)式に代入し

$$\text{左辺} = (Y\boldsymbol{v})' = Y'\boldsymbol{v}+Y\boldsymbol{v}', \quad \text{右辺} = A(Y\boldsymbol{v})+\boldsymbol{b}$$

で, $Y'=AY$ を用いると,

$$Y(x)\boldsymbol{v}' = \boldsymbol{b}(x)$$

が得られる. $|Y(x)| \neq 0$ であるから, 逆行列 $Y^{-1}(x)$ が存在し, この式は

$$\boldsymbol{v}' = Y^{-1}(x)\boldsymbol{b}(x)$$

と書ける. この式を積分して求めた $\boldsymbol{v}(x)$ を(5.89)式に代入すれば答が求まる.

$$\boldsymbol{y}(x) = Y(x)\int_{x_0}^{x}dx'Y^{-1}(x')\boldsymbol{b}(x') \tag{5.90}$$

この式は単独方程式の場合の答(2.31)の第2項 $z(x)\int dx'q(x')/z(x')$ の行列版になっている.

初期値問題 斉次方程式の解作用素を用いると, 非斉次方程式(5.76)の初期値解がきれいな形に求まる. 実際, 初期条件(5.77)を満たす解は次の積分表示で与えられる.

$$\boldsymbol{y}(x) = Z(x,x_0)\boldsymbol{y}_0+\int_{x_0}^{x}dx'Z(x,x')\boldsymbol{b}(x') \tag{5.91}$$

この式で, $\boldsymbol{y}(x_0)=Z(x_0,x_0)\boldsymbol{y}_0=\boldsymbol{y}_0$ であるから, たしかに初期条件は満たされている. (5.91)式の右辺第2項が(5.76)式の1つの解であることは直ちに確かめられる.

$$\begin{aligned}
\frac{d}{dx}(\text{第2項}) &= \frac{d}{dx}\int_{x_0}^{x}dx'Z(x,x')\boldsymbol{b}(x') \\
&= Z(x,x)\boldsymbol{b}(x)+\int_{x_0}^{x}dx'A(x)Z(x,x')\boldsymbol{b}(x') \\
&= A(x)\int_{x_0}^{x}dx'Z(x,x')\boldsymbol{b}(x')+\boldsymbol{b}(x) \\
&= A(x)(\text{第2項})+\boldsymbol{b}(x)
\end{aligned}$$

であり，(5.76)式を満たしている．

第5章　演習問題

[1]　次の2階斉次方程式を(5.9)式の置き換えにより，1階の連立方程式に直せ．

(1)　$y'' + \dfrac{p}{x}y' + \dfrac{q}{x^2}y = 0$

(2)　$y'' + p(x)y' + q(x)y = 0$

[2]　次の2階斉次方程式を(5.9)式の置き換えにより1階の連立方程式に直し，ベクトル形式 $\boldsymbol{y}' = A\boldsymbol{y}$ (5.7)の形に書け．

(1)　$y'' + y' - 2y = 0$

(2)　$y'' + 2y' + 2y = 0$

(3)　$y'' + 6y' + 9y = 0$

(4)　$2y'' + 3y' + y = 0$

[3]　問題[2]で得られた連立方程式に関して，次の手順で解を求めよ．

(a)係数行列 A の固有値方程式の根を求める．

(b)固有ベクトルを求め，解ベクトルを作る．

[4]　次の行列微分方程式を解いて基本行列を求めよ．

(1)　$Y' = \omega I Y, \quad I = \begin{pmatrix} 0 & 1 \\ 1 & 0 \end{pmatrix}$

(2)　$Y' = \omega J Y, \quad J = \begin{pmatrix} 0 & 1 \\ -1 & 0 \end{pmatrix} \quad$ （単振動）

[5]　上で求めた基本行列が次の初期条件を満たすように任意パラメーターを決めよ．

$$Z(x_0) = \boldsymbol{E}$$

[6]　次の行列方程式の解を求めよ．

$$Y' = \frac{\omega}{x} J Y$$

J は問題[4](2)で定義された 2×2 行列である．

[7]　例題5-7で解いた連立方程式 $\boldsymbol{y}' = \omega x^{-1} I \boldsymbol{y}$ (5.68)に関して，解作用素 $Z(x, s)$ を書き，性質(iii) $Z(x, u)Z(u, s) = Z(x, s)$ を確かめよ．

6 級数による解法と複素変数の微分方程式 I

第1章をのぞいて，これまでの章では，求積法によって微分方程式を解くという見方に重きを置いてきた．しかし第4章で述べたように，定数係数の場合を除くと，2階以上または連立1階微分方程式を解くことは，一般には求積に帰着させることができない．このような場合に解の性質を調べるためには，求積法とは別のアプローチに立つことが必要となる．

　求積法が使えないときに，微分方程式の解をある点 x_0 のまわりで $x-x_0$ の正べき級数に展開して，テイラー級数の形で求める方法が用いられる．微分方程式から展開係数が決まれば，形式的には解が求まったことになる．このべき級数解が知られた初等関数にまとまることもあるが，そうでない場合には，新しい関数がべき級数によって定義されたことになる．この方法は線形微分方程式の場合にうまくいくことが多い．理工学で広く使われる特殊関数はこのような見方でとらえることができ，比較的簡単な線形微分方程式の解になっている．

　一般に，このようにして得られる新しい関数の性質は，それを複素関数とみなしたとき，その特異点の位置とその近傍での振舞いに特徴的に現われる．したがって，それらの関数の性質を知ろうとすれば，複素変数の微分方程式を扱うことが必要となる．

　この章を理解するためには，複素関数に関する初歩的な知識が必要となる．複素関数が正則であるということの意味や，極や分岐点などの特異点の種類な

どを知っていれば十分である.

6-1 べき級数展開による方法

まず，やさしい例を用いて級数による解法の基本を説明する．次の2階の定数係数線形微分方程式を取り上げる．

$$y'' - 3y' + 2y = 0 \tag{6.1}$$

すでに第3章例題3-2で，求積法でこの式の一般解が求まっている．ここでは解 $y(x)$ が $x=0$ の近傍で x の**正べき級数（テイラー（Taylor）級数）**で表わされると仮定して，解を求めてみる．すなわち，

$$\begin{aligned}
y(x) &= \sum_{n=0}^{\infty} c_n x^n \\
&= c_0 + c_1 x + c_2 x^2 + \cdots
\end{aligned} \tag{6.2}$$

とおく．係数 c_n がすべて決まれば解が求まる．(6.2)式の両辺を微分する．右辺に対しては，**項別微分**ができると仮定する．

$$y' = \sum_{n=1}^{\infty} n c_n x^{n-1} = \sum_{n=0}^{\infty} (n+1) c_{n+1} x^n$$

$$y'' = \sum_{n=2}^{\infty} n(n-1) c_n x^{n-2} = \sum_{n=0}^{\infty} (n+2)(n+1) c_{n+2} x^n$$

が得られる．これらの式を(6.1)式に代入すると，

$$\sum_{n=0}^{\infty} \left[(n+2)(n+1)c_{n+2} - 3(n+1)c_{n+1} + 2c_n \right] x^n = 0$$

となる．この式が恒等的に成り立つことは，x^n の各項が消えること，すなわち

$$(n+2)(n+1)c_{n+2} - 3(n+1)c_{n+1} + 2c_n = 0 \tag{6.3}$$

を意味する．この式を $n = 0, 1, \cdots$ について書き下すと，

$$\begin{aligned}
2c_2 - 3c_1 + 2c_0 &= 0 \\
6c_3 - 6c_2 + 2c_1 &= 0 \\
\cdots\cdots\cdots\cdots
\end{aligned} \tag{6.4}$$

となる．初めに c_0 と c_1 の値を与えると，(6.3)式により，$c_2, c_3, \cdots$ を順々に決

めることができる. (6.3)式のように数列(今の場合はc_n)を次々と決めていく関係式を**漸化式**という.

　すこし工夫すれば, (6.3)式を解いてc_nを求めることができる. まず(6.3)式を

$$(n+1)[(n+2)c_{n+2}-2c_{n+1}] = (n+1)c_{n+1}-2c_n$$

と書き直す. ここで改めて

$$(n+1)c_{n+1}-2c_n = d_n \qquad (n=0,1,\cdots) \tag{6.5}$$

と置くと, d_n に対する漸化式

$$(n+1)d_{n+1} = d_n$$

が得られる. この漸化式は直ちに解くことができて,

$$d_n = \frac{1}{n}d_{n-1} = \frac{1}{n(n-1)}d_{n-2} = \cdots = \frac{1}{n!}d_0 \tag{6.6}$$

(6.5)式に(6.6)式を代入し, 両辺に $n!$ を掛けて,

$$(n+1)!\, c_{n+1}-2n!\, c_n = d_0$$

両辺に $2n!\, c_n+d_0$ を加えて

$$(n+1)!\, c_{n+1}+d_0 = 2(n!\, c_n+d_0) \tag{6.7}$$

と書き直す. これは数列 $n!\, c_n+d_0$ に対する漸化式である. その解は簡単に求まり,

$$n!\, c_n+d_0 = 2[(n-1)!\, c_{n-1}+d_0] = 2^2[(n-2)!\, c_{n-2}+d_0]$$
$$= \cdots = 2^n(c_0+d_0)$$

$c_0+d_0=a$, $d_0=-b$ とおいて,

$$c_n = \frac{1}{n!}(2^n a + b) \tag{6.8}$$

　c_n がすべて決まったので, (6.2)式に戻って, 解 $y(x)$ が求まる.

$$y(x) = \sum_{n=0}^{\infty}\left[a\frac{1}{n!}(2x)^n + b\frac{1}{n!}x^n\right] \tag{6.9}$$

右辺の2つの項はどちらも指数関数のテイラー展開であり,

$$y(x) = ae^{2x}+be^x \tag{6.10}$$

が得られる. 結局, べき級数解が指数関数の和にまとまった. この結果は, 指

数関数解を仮定して特性方程式の根から得た例題3-2の答と一致している.

上の例では,解 $y(x)$ を x の正べき級数で展開し,展開係数を決める漸化式を矛盾なく解くことができたので,解を求めることができた.一般に,このようにして得られた級数解を**形式解**という.形式解が微分方程式の解として意味をもつのは,べき級数が収束する場合である.このとき,形式解は $x=0$ で解析的となる.

解析関数　実変数 x の開区間 $a<x<b$ における実関数 $f(x)$ が,(a,b) 内の点 c のある近傍 $|x-c|<r$ で収束するべき級数

$$f(x) = \sum_{n=0}^{\infty} c_n (x-c)^n \tag{6.11}$$

で表わされるとき,$f(x)$ は点 c で**解析的である**という.この級数が $|x-c|<\rho$ のすべての点で収束し,$|x-c|>\rho$ のいかなる点でも収束しないとき,ρ を級数(6.11)の**収束半径**という.収束半径は

$$\rho = \lim_{n\to\infty} \frac{|c_n|}{|c_{n+1}|} \tag{6.12}$$

で与えられる(**ダランベールの判定法**).

上の例では,(6.12)式は

$$\lim_{n\to\infty} \frac{2^n a+b}{n!} \frac{(n+1)!}{2^{n+1}a+b} = \lim_{n\to\infty} \frac{n+1}{2} = \infty$$

となるから,収束半径は ∞ である.したがって,x の全領域で級数解(6.9)が収束し,解析関数となる.

次に,上の例とすこし性格の異なるべき級数解の例を考察する.

例題 6-1　次の2階の方程式の $x=0$ におけるべき級数解を求めよ.

$$y'' - xy' - y = 0 \tag{6.13}$$

［解］　(6.2)の展開式を用いると,

$$y = \sum_{n=0}^{\infty} c_n x^n \tag{6.14}$$

$$xy' = \sum_{n=1}^{\infty} nc_n x^n$$

$$y'' = \sum_{n=2}^{\infty} n(n-1)c_n x^{n-2} = \sum_{n=0}^{\infty} (n+2)(n+1)c_{n+2} x^n$$

これらを(6.13)式に代入して,

$$\sum_{n=0}^{\infty} ((n+2)(n+1)c_{n+2} - (n+1)c_n)x^n = 0$$

となる. x^n の係数を0とおくと,漸化式

$$(n+2)c_{n+2} = c_n \tag{6.15}$$

が得られる.この場合は,n を偶数と奇数に分けて c_n を求める.n が偶数の場合は,$n=2l$ とおいて,

$$c_{2l} = \frac{1}{2l}c_{2l-2} = \frac{1}{2l(2l-2)}c_{2l-4} = \cdots = \frac{1}{2^l l!}c_0$$

n が奇数の場合は,$n=2l+1$ とおいて,

$$c_{2l+1} = \frac{1}{2l+1}c_{2l-1} = \frac{1}{(2l+1)(2l-1)}c_{2l-3} = \cdots = \frac{1}{(2l+1)!!}c_1$$

これらを(6.14)式に代入して,$c_0=a$, $c_1=b$ とおけば,

$$y = a \sum_{l=0}^{\infty} \frac{1}{l!}\left(\frac{x^2}{2}\right)^l + b \sum_{l=0}^{\infty} \frac{1}{(2l+1)!!}x^{2l+1} \tag{6.16}$$

右辺の第1項は x^2 の指数関数にまとまるが,第2項は既知の関数にまとめることができない.

$$y = ae^{x^2/2} + b \sum_{l=0}^{\infty} \frac{1}{(2l+1)!!}x^{2l+1} \tag{6.17}$$

(6.16)式で第1項と第2項を x^2 のべき級数とみなすと,(6.12)式は

$$\lim_{l\to\infty} \frac{2^{l+1}(l+1)!}{2^l l!} = \lim_{l\to\infty} 2(l+1) = \infty$$

$$\lim_{l\to\infty} \frac{(2l+3)!!}{(2l+1)!!} = \lim_{l\to\infty} (2l+3) = \infty$$

となる.したがって,(6.16)の形式解は x の全領域で収束する. ∎

例題 6-2 次の 2 階の方程式の $x=0$ におけるべき級数解を求めよ.

$$(1-x^2)y''-2xy'+2y = 0 \tag{6.18}$$

［解］ y の $x=0$ でのべき展開式(6.2)を用いて,

$$y = \sum_{n=0}^{\infty} c_n x^n \tag{6.19}$$

$$xy' = \sum_{n=1}^{\infty} nc_n x^n$$

$$(1-x^2)y'' = \sum_{n=2}^{\infty} n(n-1)c_n(1-x^2)x^{n-2}$$

$$= \sum_{n=0}^{\infty} ((n+2)(n+1)c_{n+2}-n(n-1)c_n)x^n$$

これらを(6.18)式に代入して,

$$\sum_{n=0}^{\infty} ((n+2)(n+1)c_{n+2}-(n+2)(n-1)c_n)x^n = 0$$

したがって, c_n に対する漸化式

$$(n+1)c_{n+2} = (n-1)c_n \tag{6.20}$$

が得られる. こんども n を偶数と奇数に分けて扱う. n が偶数の場合は,

$$c_n = \frac{n-3}{n-1}c_{n-2} = \frac{n-3}{n-1}\frac{n-5}{n-3}c_{n-4} = \cdots = -\frac{1}{n-1}c_0$$

n が奇数の場合は,

$$c_n = 0 \qquad (n>1)$$

これらを(6.19)式に代入し, $c_0=a$, $c_1=b$ とおくと,

$$y = bx+a\left(1-\sum_{l=1}^{\infty} \frac{1}{2l-1}x^{2l}\right) \tag{6.21}$$

が得られる. 第 2 項で, ( )の中は対数関数を用いて表わせる.

$$1-x\sum_{l=1}^{\infty} \frac{1}{2l-1}x^{2l-1} = 1-\frac{x}{2}\log\frac{1+x}{1-x} \tag{6.22}$$

(6.20)式から,

$$\lim_{n\to\infty}\frac{|c_{2n}|}{|c_{2n+2}|}=\lim_{n\to\infty}\frac{2n+1}{2n-1}=1$$

したがって，べき級数解(6.21)は $|x|<1$ の範囲で収束し，解析関数を定義する．実際，(6.22)式は $x=0$ で解析的で，$|x|<1$ の範囲でテイラー展開できる．∎

上で考えた3つの微分方程式では，$x=0$ におけるべき級数解が求められ，その収束性も示された．最初の例と例題6-2では，形式解が初等関数にまとめられた．形式解は知られている関数の $x=0$ におけるテイラー級数展開に当たっている．例題6-1に見られるように，一般には，形式解は既知の関数で表わせるとは限らない．

上の例では，$x=0$ に注目して，x のべき級数展開を行なった．より一般に $x=x_0$ において，$x-x_0$ のべき級数として解を求めることができる．最初の例では，解(6.10)は指数関数であり，任意の点 $x=x_0$ でテイラー展開できる．これは $x-x_0$ のべき級数解が存在し，その収束半径が ∞ であることを意味している．

一方，例題6-2では，解は(6.22)式のように，対数関数

$$f(x)=\log\frac{1+x}{1-x} \tag{6.23}$$

を用いて表わされる．この解のべき級数展開についての性質を調べるうえでは，x を複素変数に拡張し，$f(x)$ を複素関数として扱うと見通しがよくなる．複素関数論の初歩から，関数(6.23)が $x=-1$ と $x=+1$ に特異点（対数分岐点）をもつことが知られている（図6-1）．そのため，この関数は $x=\pm1$ ではテイ

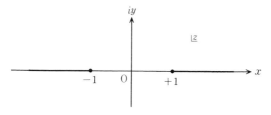

図6-1　対数関数(6.23)の2つの特異点

ラー展開ができない. ゆえに, 微分方程式(6.18)では, $x = \pm 1$ においてはべき級数解が存在しない.

多価関数とリーマン面　　次節以降で解の複素解析性を考察するが, この機会に対数関数

$$w = \log z$$

の解析性について, 簡単に述べておく. この関数は指数関数 $z = e^w$ の逆関数である. $z = e^w$ は w 平面上で 1 価(single-valued)で正則な関数である. これに対して, $w = \log z$ は $z = 0$ に分岐点をもち, z 平面上の**多価関数**である. いま, z 平面上の 1 点を α (ただし $\alpha \neq 0$)とし, その偏角を φ $(0 \leqq \varphi \leqq 2\pi)$ とする. $\alpha = e^w$ を満たす根 w は

$$w = \log|\alpha| + i(\varphi + 2\nu\pi) \qquad (\nu = 0, \pm 1, \pm 2, \cdots) \qquad (6.24)$$

と表わされる. 各 ν の値に対応して w の値が一意的に決まる.

　いま, z 平面を 0 から ∞ まで正の実軸に沿って(他の方向でもよい)切断したものを無限個用意して, z_ν 平面 $(\nu = 0, \pm 1, \cdots)$ と名づける. z_ν 平面上の点の偏角 φ は

$$2\nu\pi \leqq \varphi \leqq 2(\nu+1)\pi$$

とする. z_ν 平面の**切断**(cut)の左岸と $z_{\nu+1}$ 平面の切断の右岸を貼り合わせ(図6-2), この操作を無限回繰り返すことにより, 無限葉の z 平面からなる面 Z が得られる. Z 上の 1 点 α はどれかの z_ν 平面上にあり, そのとき, (6.24)式が成り立ち, $w = \log z$ は面 Z 上の 1 価関数である.

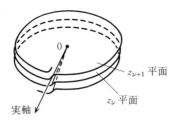

図6-2　対数関数 $\log z$ のリーマン面

　複素関数 $f(z)$ が z 平面上に**分岐点**をもつと, $f(z)$ は z の多価関数となる. このとき, 上のようにいくつかの z_ν 平面を貼り合わせて面 Z を作り, $f(z)$ が面 Z 上で 1 価関数となるようにできる. このような面 Z を**リーマン面**と呼ぶ.

6-2　複素変数の微分方程式と解の存在定理

前節の例で見たように，微分方程式の級数解の収束性を調べるうえでは，変数 x を複素変数 z へと拡張し，複素領域における微分方程式を扱うことが必要となる．この節では複素領域における 1 階の連立方程式を考察する．n 個の未知関数を y_i で表わし，取扱いが簡単な正規形を考える．

$$y_i' = f_i(z, y_j) \qquad (i = 1, 2, \cdots, n) \tag{6.25}$$

複素関数の微分　　(6.25)式で，z についての微分 y_i' は複素関数論的な意味である．したがって，$y_1, y_2, \cdots, y_n$ は z 平面のある領域 D で**微分可能**な関数でなければならない．複素関数 $f(z)$ が開集合 D の各点において微分可能，すなわち $f'(z)$ が存在して有限であるとき，$f(z)$ は D で**正則**(holomorphic あるいは**解析的**(analytic))であるという．すなわち(6.25)に登場する $y_i(z)$ は，ある領域 D における正則関数という枠の中に入ってくる．解 $y_i(z)$ の性質を調べるということは，その複素関数論的な性質を調べることである．$y_i(z)$ はどの領域で正則で，どこにどのような特異点をもつか，またリーマン面はどんなものになるか，などが問題となる．すでに前節の例題 6-2 でこの種の問題に出合った．

このような研究は微分方程式の解析的理論と呼ばれている．この理論は複素関数論の体系が整った 19 世紀に始まり，コーシー(Cauchy)やリーマン(Riemann)らによって複素関数論が完成されるにつれて，目覚ましい発展を遂げた．

実変数の場合には，正規形の連立 1 階方程式(6.25)は 1-5 節と 5-3, 5-4 節で詳しく調べた．最初に問題となるのは，どのような条件の下で微分方程式が解をもつかである．実関数 $f_i(x, y_j)$ とその偏微分 $\partial f_i / \partial y_k$ $(i, k = 1, 2, \cdots, n)$ が有界であるという仮定の下で，(6.25)に関して，初期値問題に対する解の存在と一意性の定理が成り立つことを，1-5 節で述べた(定理 1-1 と 1-2)．複素変数の場合にも同様な定理が成り立つ．これはこの節の考察の基本となる．

実変数の微分方程式の場合には，積分方程式への書き換えと逐次近似の方法

によって，解の存在と一意性の定理が証明された（1-5 節）．複素変数の微分方程式に対しては，点 $(\alpha, \beta_1, \cdots, \beta_n)$ のまわりでのテイラー展開を用いて定理が証明できる．

定理 6-1（コーシーの存在定理）　微分方程式（6.25）に関して，$(z, y_1, \cdots, y_n)$ を複素 $n+1$ 次元空間 C^{n+1} 内の点と考える．すべての f_i は点 $(\alpha, \beta_1, \cdots, \beta_n)$ において正則とする．このとき，（6.25）式の解

$$y_i = y_i(z) \qquad (i=1, 2, \cdots, n)$$

で $z=\alpha$ において正則で，初期条件

$$y_i(\alpha) = \beta_i$$

を満たすものがただ 1 つ存在する．

[証明]　$\alpha=0$，$\beta_1=\cdots=\beta_n=0$ の場合を考えておけば十分である．なぜならば，変数と独立変数の両方の変換を行ない，z を $z+\alpha$ で，y_i を $y_i+\beta_i$ で置き換えると，（6.25）式は

$$y_i' = f_i(z+\alpha, y_j+\beta_j) \equiv g_i(z, y_j)$$

と書き換えられ，このとき初期条件は

$$y_i(0) = 0 \qquad\qquad (6.26)$$

となるからである．この論法は今後も繰り返し使われる．

見やすくするために $n=2$ の場合を扱う．一般の n の場合も証明は同じようにできる．証明を 2 段階に分けて行なう．初めに形式解を作り，次にその収束性を証明する．この第 2 段階はかなり面倒であり，初めて読むときは飛ばして，次の，解の延長の項目へ進んでもよい．

$n=2$ の場合に（6.25）式を書くと，

$$y_1' = f_1(z, y_1, y_2), \qquad y_2' = f_2(z, y_1, y_2) \qquad (6.27)$$

f_1, f_2 は点 $(0, 0, 0)$ で正則であると仮定したから，この近傍でテイラー展開できる．

$$f_1(z, y_1, y_2) = \sum_{i,j,k=0}^{\infty} a_{ijk} z^i y_1^j y_2^k$$

$$f_z(z, y_1, y_2) = \sum_{i,j,k=0}^{\infty} b_{ijk} z^i y_1^j y_2^k$$

と書く. いま, 形式的に

$$y_1 = \sum_{k=0}^{\infty} c_k z^k, \qquad y_2 = \sum_{k=0}^{\infty} d_k z^k \tag{6.28}$$

とおいて, これらが(6.27)式を満たすとして, 未定係数法により c_k と d_k を決めてみる.

(6.27)式の左辺は, (6.28)式を形式的に項別微分して,

$$y_1' = \sum_{k=0}^{\infty} (k+1)c_{k+1} z^k, \qquad y_2' = \sum_{k=0}^{\infty} (k+1)d_{k+1} z^k \tag{6.29}$$

(6.27)式の右辺は

$$
\begin{aligned}
f_1 &= \sum_{i,j,k=0}^{\infty} a_{ijk} z^i \left(\sum_{l=1}^{\infty} c_l z^l \right)^j \left(\sum_{m=1}^{\infty} d_m z^m \right)^k \\
f_2 &= \sum_{i,j,k=0}^{\infty} b_{ijk} z^i \left(\sum_{l=1}^{\infty} c_l z^l \right)^j \left(\sum_{m=1}^{\infty} d_m z^m \right)^k
\end{aligned}
\tag{6.30}
$$

(6.29)式と(6.30)式を(6.2)式に代入し, 両辺の定数項を比べる.

$$c_1 = a_{000}, \qquad d_1 = b_{000}$$

から c_1 と d_1 が決まる. 次に z の項を比較して,

$$2c_2 = a_{100} + a_{010}c_1 + a_{001}d_1, \qquad 2d_2 = b_{100} + b_{010}c_1 + b_{001}d_1$$

c_2 と d_2 が c_1 と d_1 で表わされたから, c_2 と d_2 が決まる. このようにして, c_k と d_k が $k=1,\cdots,r$ まで求まったとしよう. (6.27)式で z^r の項を比べる. 左辺は $(r+1)c_{r+1}$ と $(r+1)d_{r+1}$ である. 右辺の方は, 第1式では, z^r の項は

$$\sum_{i+j+k \leq r} a_{ijk} z^i \left(\sum_{l=1}^{r} c_l z^l \right)^j \left(\sum_{m=1}^{r} d_m z^m \right)^k$$

に含まれている. したがって, その係数は a_{ijk} $(i+j+k \leq r)$ について1次で, c_l, d_m $(l, m \leq r)$ の多項式であって, その係数はすべて正の数である. それを $P_r(a_{ijk}, c_l, d_m)$ と書くと,

$$
\begin{aligned}
(r+1)c_{r+1} &= P_r(a_{ijk}, c_l, d_m) \\
(r+1)d_{r+1} &= P_r(b_{ijk}, c_l, d_m)
\end{aligned}
\tag{6.31}
$$

が得られる. a_{ijk} と b_{ijk} は与えられた数であり, c_{r+1} と d_{r+1} が既知の係数 c_k と d_k $(k \leq r)$ で表わされたから, 初めの仮定により, c_{r+1} と d_{r+1} が求まったこ

とになる.

結局，未定係数法によって形式的べき級数(6.28)がただ 1 通りに決まり，(6.27)式の形式解が求まった．複素関数論では，正べき級数，例えば(6.28)の $y_1(z)$ が円の内部 $|z|<\rho$ で収束するとき，$y_1(z)$ はそこで正則な関数を与えることが知られている．この定理に注意すれば，べき級数(6.28)が $z=0$ の近傍で収束することが示せれば，(6.28)はそこで正則な(6.27)式の解であることがいえる．$z=0$ で $y_1=y_2=0$ であるから，(6.28)は初期条件(6.26)を満たしている．

さらに，このようにして求めた(6.27)式の解が一意的であることも，次のようにしていえる．$z=0$ の近傍で正則で，初期条件(6.26)式を満たす解は(6.28)のようにテイラー展開できる．上述の手順を繰り返して，c_k と d_k はただ 1 通りに決まるから，$z=0$ で正則な解は上で求めたもの以外にはない．ゆえに，形式解(6.28)の収束性が証明できれば，定理 6-1 の証明が完了する．

形式解(6.28)の収束性はコーシーの**優級数の方法**を用いて証明できる．いま 2 つのべき級数

$$\sum_{k=0}^{\infty} a_k z^k, \qquad \sum_{k=0}^{\infty} A_k z^k \tag{6.32}$$

があって，すべての k に対して，$|a_k| \leqq |A_k|$ が成り立つとする．このとき，第 2 の級数を初めの級数の **優級数**という．z のある範囲で優級数が収束することが示せれば，初めの級数が収束することがいえる．したがって，(6.28)の収束性をいうには，(6.28)の優級数であって $z=0$ の近傍で収束するものを見つければよい．

説明がすこし長くなるが，上述の条件を満たす級数の作り方を述べる．関数 f_i は $z=0$，$y_j=0$ で正則であるから，

$$|z| \leqq \rho, \qquad |y_1| \leqq R, \qquad |y_2| \leqq R \tag{6.33}$$

で f_i が正則であるような ρ と R がある．この範囲で f_i は有界であるから，

$$|f_1|, |f_2| \leqq M$$

であるような $M>0$ が存在する．このとき

$$\rho^l R^{m+n} |a_{lmn}|, \rho^l R^{m+n} |b_{lmn}| \leqq M \tag{6.34}$$

が成り立つ．そこで，

$$A_{lmn} = \frac{M}{\rho^l R^{m+n}}$$

とおいて，級数

$$\sum_{l,m,n=0}^{\infty} A_{lmn} z^l y_1^m y_2^n = M \sum_l \left(\frac{z}{\rho}\right)^l \sum_{m,n} \left(\frac{y_1}{R}\right)^m \left(\frac{y_2}{R}\right)^n \qquad (6.35)$$

を考えてみる．この級数は(6.33)で定義される領域において収束し，その範囲で正則な関数

$$F(z, y_1, y_2) = \frac{M}{(1-z/\rho)(1-y_1/R)(1-y_2/R)}$$

に等しい．

次に，初めの微分方程式(6.27)に対応して，

$$y_1' = F(z, y_1, y_2), \qquad y_2' = F(z, y_1, y_2) \qquad (6.36)$$

を考える．この微分方程式のべき級数解を

$$y_1 = \sum_{k=0}^{\infty} \gamma_k z^k, \qquad y_2 = \sum_{k=0}^{\infty} \delta_k z^k \qquad (6.37)$$

とおく．(6.27)式に対してべき級数解(6.28)の係数 c_k と d_k が未定係数法で決まったのと全く同じ手順で，(6.37)の係数 γ_k と δ_k が決まる．こんどは，(6.31)式の代りに，

$$\gamma_1 = A_{000}, \qquad \delta_1 = A_{000}$$
$$(r+1)\gamma_{r+1} = P_r(A_{ijk}, \gamma_l, \delta_m)$$
$$(r+1)\delta_{r+1} = P_r(A_{ijk}, \gamma_l, \delta_m)$$

が得られる．不等式(6.34)によって

$$|a_{lmn}|, |b_{lmn}| \leqq A_{lmn}$$

この不等式を用いると，

$$|c_k| \leqq \gamma_k, \qquad |d_k| \leqq \delta_k \qquad (k=1,2,\cdots) \qquad (6.38)$$

を示すことができる．すなわち，(6.37)は(6.28)の優級数であることがいえた．

優級数(6.37)が収束することを示せば証明が終わる．そのためには，微分方程式(6.36)が $z=0$ で正則で，$y_1(0)=y_2(0)=0$ となる解をもつことをいえばよい．なぜなら，そのときはこの解のテイラー展開が(6.37)と一致し，したがっ

て，後者が収束するからである．

（6.36)式を解くには

$$\frac{dy_1}{dy_2} = 1$$

したがって，$y_1 = y_2 +$定数，に注意する．初期条件(6.26)により，じつは $y_1 = y_2 = y$ である．解くべき微分方程式は

$$y' = F(z, y, y) = \frac{M}{(1-z/\rho)(1-y/R)^2} \tag{6.39}$$

となる．この方程式は変数分離形であり，解は直ちに求まる．

$$\frac{y}{R} = 1 - \sqrt{1 + 3M\frac{\rho}{R}\log\left(1 - \frac{z}{\rho}\right)} \tag{6.40}$$

この解は $z=0$ の近傍

$$|z| < \rho\left(1 - \exp\left[-\frac{1}{3M}\frac{R}{\rho}\right]\right) \tag{6.41}$$

で正則である．

　以上をまとめると，微分方程式(6.36)は $z=0$ の近傍(6.41)で正則な解(6.40)をもつ．ゆえに，そのべき級数展開である優級数(6.37)は同じ範囲で収束し，したがって形式解(6.28)の収束性が証明された． ▌

　解の延長　定理 6-1 により，(6.25)式の解は初期値を与える点(いまの場合 $z=0$)のある近傍内で存在することが保証された．実際には，解は z のもっと広い範囲で存在するかも知れないから，解をどの範囲まで延長できるか，すなわち**解の延長**が問題となる．じつは，実変数の微分方程式の場合にも解の延長が問題となるが，すこし込み入った問題なので，1-5 節ではこの問題に触れなかった．複素変数の場合には，解析接続の方法によって問題はずっと簡単になる．

　上の定理で存在を証明した解 $y_i(z)$ は $z=0$ のある近傍で正則であり，この近傍で

$$y_i' = f_i(z, y_j(z))$$

が恒等的に成り立つ．両辺とも z の解析関数で，$z=0$ のある近傍で正則であり，両者は一致している．複素関数論の**一致の定理**により，2 つの関数は解析

接続できる全領域で一致している. これは, 定理6-1によって, 存在が保証されている解 $y_i(z)$ を解析接続したものはやはり解となっていることを意味する. したがって, ある領域で正則な解が求まれば, この解を解析接続していくことにより, (それ以上)**延長不能な解**が得られる.

6-3 連立1階線形系

第3〜第5章では, 実変数の微分方程式の中で線形な方程式を扱ってきた. 線形系は物理学などにおける応用が広く, その数学的な性質もよく分かっているからである. 同じ理由により, この章でも複素領域における微分方程式の中で線形なものを取り上げる. この節では連立1階線形微分方程式の解の解析的な性質を調べる.

n 個の複素な未知関数を $y_1(z), y_2(z), \cdots, y_n(z)$ と書いて, n 個の微分方程式を考える.

$$y_i'(z) = \sum_{j=1}^{n} a_{ij}(z)y_j + b_i(z) \tag{6.42}$$

この式は5-1節で考えた実変数の場合(5.3)と同じ形である. 用語も同じものを使って, $b_i \equiv 0$ であるもの

$$y_i' = \sum_{j=1}^{n} a_{ij}(z)y_j \tag{6.43}$$

を斉次, $b_i \not\equiv 0$ であるものを非斉次と呼ぶ.

複素線形代数 第5章で実変数の線形微分方程式(5.3)に関して, 実線形代数の言葉を用いると取扱いが簡単になった. 複素変数の線形微分方程式に対しても同じことがいえて, こんどは複素線形代数が必要となる. $\boldsymbol{y}$ と $\boldsymbol{b}(z)$ を n 成分縦ベクトルとし, $A(z)$ を n 次正方行列として次のように表わす.

$$\boldsymbol{y}(z) = \begin{pmatrix} y_1 \\ y_2 \\ \vdots \\ y_n \end{pmatrix}, \quad \boldsymbol{b}(z) = \begin{pmatrix} b_1 \\ b_2 \\ \vdots \\ b_n \end{pmatrix}$$

$$A(z) = \begin{pmatrix} a_{11}(z) & a_{12}(z) & \cdots & a_{1n}(z) \\ a_{21}(z) & a_{22}(z) & \cdots & a_{2n}(z) \\ \cdots\cdots\cdots\cdots\cdots\cdots\cdots \\ a_{n1}(z) & a_{n2}(z) & \cdots & a_{nn}(z) \end{pmatrix}$$

　複素線形代数では，ベクトルの成分と行列の要素は複素数値をとる．この違いを考慮しておけば，線形代数の主な性質，ベクトルの和，行列の和と積，ベクトルおよび行列の微分，ベクトルの1次独立性などは，実線形代数と複素線形代数に共通して成り立つ．ただし，実の行列 $A(x)$ の x に関する連続性，解析性に代って，複素な行列 $A(z)$ の z に関する正則性という新しい概念が必要となる．ここで，**行列 $A(z)$ が正則である**とは，その各要素 $a_{ij}(z)$ が正則であることをいう．

　以上の準備の下で，(6.42)と(6.43)式をベクトル形式で

$$\boldsymbol{y}' = A(z)\boldsymbol{y} + \boldsymbol{b}(z) \tag{6.44}$$

および

$$\boldsymbol{y}' = A(z)\boldsymbol{y} \tag{6.45}$$

と表わす．

　実変数の線形微分方程式について述べた事柄の多くは線形代数から導かれるので，複素変数の微分方程式に対しても通用する．それらをまとめておく．

　解の線形性　　次のことは容易に確かめられる．

　斉次な方程式(6.45)に関して，

$$\boldsymbol{w}_1(z), \ \boldsymbol{w}_2(z), \ \cdots, \ \boldsymbol{w}_m(z) \tag{6.46}$$

をその m 個の解とする．このとき，それらの1次結合

$$\boldsymbol{y} = c_1\boldsymbol{w}_1(z) + \cdots + c_m\boldsymbol{w}_m(z) \tag{6.47}$$

も(6.45)式の解である．

(6.47)のように表わせない解 $\boldsymbol{w}(z)$ があれば，$\boldsymbol{w}(z)$ は m 個の解(6.46)に対して1次独立であるという．(6.46)のどの1つも残りの $m-1$ 個に対して1次独立であるとき，これらの m 個の解は互いに1次独立であるという．m 個の解が互いに1次独立でないとき，それらは互いに1次従属であるという．この定義から，次のことがいえる．

m 個の解(6.46)が互いに1次独立であるための必要十分条件は，複素な定数の組 $c_1, c_2, \cdots, c_m$ に対して，

$$c_1\boldsymbol{w}_1(z) + c_2\boldsymbol{w}_2(z) + \cdots + c_m\boldsymbol{w}_m(z) = 0$$

が恒等的に成り立てば，必ず，$c_1 = c_2 = \cdots = c_m = 0$ が成り立つことである．

非斉次な方程式(6.44)に関して，$\boldsymbol{Y}(z)$ がその解であるとする．$\boldsymbol{y} = \boldsymbol{Y} + \boldsymbol{w}$ とおくと，$\boldsymbol{w}$ は斉次方程式(6.45)を満たす．したがって，次のことがいえる．

非斉次方程式(6.44)の解は，その1つの解と，対応する斉次方程式(6.45)の解の和である．

正則点　これ以降はもっぱら斉次な方程式(6.45)を考察する．この方程式の解については，次の定理が基本的である．

定理6-2　微分方程式(6.45)について，行列 $A(z)$ が z 平面のある領域 D において1価正則であるとする．α を D 内の点として，$\boldsymbol{\beta}$ を任意の n 成分複素定数ベクトルとする．このとき，初期条件

$$\boldsymbol{\varphi}(\alpha) = \boldsymbol{\beta} \tag{6.48}$$

を満たす(6.45)の解 $\boldsymbol{w} = \boldsymbol{\varphi}(z)$ は D 全体で定義され，そこで正則である．

このような D 内の点を**正則点**という．

[証明の道筋]　解 $\boldsymbol{\varphi}(z)$ が $z = \alpha$ の近傍で存在して正則であることは，定理6-1ですでに分かっている．D 内の任意の点を ξ として，$\boldsymbol{\varphi}(z)$ が ξ まで解析接続できることが示されればよい．なぜならば，こうして得られた解析関数 $\boldsymbol{\Phi}(z)$ は $z = \xi$ の近傍で正則で，(6.45)の解だからである．

解 $\boldsymbol{\varphi}(z)$ が $z = \alpha$ から $z = \xi$ まで解析接続できることを示すには，次のような複素関数論でよく使うテクニックを用いる．α と ξ を D に含まれる滑らかな径路 C で結ぶことができる（図6-3）．この径路 C を実数パラメーターを用いて次のように表わす．

$$z = \chi(t) \quad (0 \le t \le 1)\,; \quad \chi(0) = \alpha,\ \chi(1) = \xi$$

$\chi(t)$ は連続微分可能な関数とする．$\boldsymbol{\varphi}(z)$ が C に沿って ξ まで解析接続できなかったと仮定して，矛盾が生ずることをいえばよい．定理6-1の証明で用いたのと同じ，解析関数の正則性についての性質を使って，このことが証明できる．ここでは証明を省略する（巻末の参考書[3]（4章），[4]（§25）を参照せよ）．∎

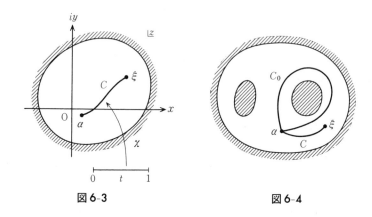

図 6-3　　　　　　　　　　　　　　図 6-4

　この定理を適用するとき，領域 D が図 6-4 のように穴のあいた領域，すなわち**単連結**（simply connected）でない領域の場合には注意を要する．この場合，上の手順で得られた解析接続 $\boldsymbol{\Phi}(z)$ はどの径路を選ぶかに依存するので，一般には D 上の多価関数となる．例えば $\xi = \alpha$ として，1 つの穴を回ってもとの α へ戻る径路 C_0 を考えると，$\boldsymbol{\varphi}(z)$ が初めの値 $\boldsymbol{\beta}$ に戻るとは限らない．このような解の行動を調べることがこの章の主な目的の 1 つである．

　[例 3.1]　6-1 節で扱った 2 階の方程式（6.1）の複素変数への拡張を考える．

$$\boldsymbol{y} = (y_1, y_2)^{\mathrm{T}} = (y, y') \tag{6.49}$$

とおいて，2 元連立方程式に直す．

$$\boldsymbol{y}' = A(z)\boldsymbol{y}, \quad A(z) = \begin{pmatrix} 0 & 1 \\ -2 & 3 \end{pmatrix} \tag{6.50}$$

前の結果（6.10）を読み変えて（6.50）式の解が得られる．

$$\boldsymbol{y} = \begin{pmatrix} ae^{2z} + be^z \\ 2ae^{2z} + be^z \end{pmatrix} \tag{6.51}$$

$ae^{2\alpha} + be^{\alpha} = \beta_1$, $2ae^{2\alpha} + be^{\alpha} = \beta_2$ とおけば，初期条件 $\boldsymbol{\varphi}(\alpha) = \boldsymbol{\beta}$（（6.48）式）が満たされる．

　行列 $A(z)$ は定数行列であり，z の全平面で正則である．解（6.51）は全平面で（$z = \infty$ については別の考察が必要であり，後で行なう）正則であるが，これ

は定理 6-2 が述べるところである. ▌

[例 3.2]　6-1 節の例題 6-2 の 2 階の方程式を複素変数に拡張する.

$$(1-z^2)y'' - 2zy' + 2y = 0 \tag{6.52}$$

(6.49)のように表わして, 2 元連立方程式に直す.

$$\boldsymbol{y}' = A(z)\boldsymbol{y}, \quad A(z) = \begin{pmatrix} 0 & 1 \\ \dfrac{-2}{1-z^2} & \dfrac{2z}{1-z^2} \end{pmatrix} \tag{6.53}$$

前の結果を借りて, (6.53)式の解は次のようになる.

$$\boldsymbol{y}_1 = \begin{pmatrix} z \\ 1 \end{pmatrix}, \quad \boldsymbol{y}_2 = \begin{pmatrix} 2 - z \log \dfrac{1+z}{1-z} \\ \dfrac{1}{1+z} - \dfrac{1}{1-z} - \log \dfrac{1+z}{1-z} \end{pmatrix} \quad \blacksquare \tag{6.54}$$

行列 $A(z)$ は $z = +1, -1$ に 1 位の極をもち, この 2 点を除いた領域 D で正則となる(図 6-5). D は $z = \pm 1$ に穴があり, 単連結でない. 一方, 解(6.54)は対数関数

$$f(z) = \log \frac{1+z}{1-z} \tag{6.55}$$

を含んでいるため, $z = +1, -1$ に分岐点をもつ. したがって, 解(6.54)は領域 D で定義され正則であるが, そこで多価関数である. この結果は定理 6-2 から推測できることである.

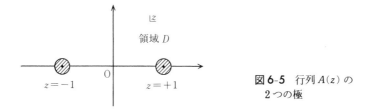

図 6-5　行列 $A(z)$ の 2 つの極

6-1 節で述べたように, 関数(6.55)の 1 価性を回復するためには, z 平面に $+1, -1$ を端点とする切断を 2 つ入れる必要がある. 図 6-1 では, 実軸に沿って 2 つの切断をとった. この z 平面の複製を無限個用意し, 各切断において 6-1 節の図 6-2 のような貼り合わせを無限回繰り返すことにより, リーマン面

Z が得られる．関数(6.55)，したがって解(6.54)は Z 上で 1 価となる．

解空間　　微分方程式(6.45)の解全体に関しても，実変数の場合について述べたこと(5-3節)と同じことがいえる．解全体の集合を V と書き，**解空間**と呼ぶ．

　n 元連立 1 階線形方程式(6.45)の解空間 V は n 次元の複素線形空間である．

　証明は実変数の場合と本質的に同じである．解の 1 次結合(6.47)において，係数 c_i が複素数であるから，V は複素線形空間を作る．初期値ベクトル $\boldsymbol{\beta}$ が n 次元であり，任意の $\boldsymbol{\beta}$ に対する解の一意性から，V が n 次元であることが導かれる．

基本行列　　上で述べた 2 つの定理を用いることにより，解 $\boldsymbol{w}(z)$ の解析性について大事な性質が導かれる．いま

$$\boldsymbol{w}_1(z),\ \boldsymbol{w}_2(z),\ \cdots,\ \boldsymbol{w}_n(z) \tag{6.56}$$

を n 個の互いに 1 次独立な(6.45)の解とする．これらの n 個の列ベクトルを横に並べて n 次正方行列を作る．

$$W(z) = (\boldsymbol{w}_1(z), \boldsymbol{w}_2(z), \cdots, \boldsymbol{w}_n(z)) \tag{6.57}$$

(6.45)式の任意の解 $\boldsymbol{w}(z)$ は(6.56)の 1 次結合で，次のように表わされる．

$$\begin{aligned}\boldsymbol{w}(z) &= c_1\boldsymbol{w}_1(z) + c_2\boldsymbol{w}_2(z) + \cdots + c_n\boldsymbol{w}_n(z) \\ &= W(z)\boldsymbol{c}\end{aligned} \tag{6.58}$$

ただし，$\boldsymbol{c} = (c_1, c_2, \cdots, c_n)^{\mathrm{T}}$．実変数の場合(5-4, 5-5節)と同じく，$W(z)$ は(6.45)式の基本行列と呼ばれ，次の性質で特徴づけられる．

　行列微分方程式

$$W'(z) = A(z)W(z) \tag{6.59}$$

の解の中で，

$$|W(z)| \neq 0 \tag{6.60}$$

を満たすものは(6.45)式の基本行列である．逆に(6.45)式の基本行列 $W(z)$ はこれら 2 つの式を満たす．

(6.45)の基本行列の間には次の関係がある．

　$W(z)$ を(6.45)式の基本行列とし，P を $|P| \neq 0$ である複素定数行列とする．

$$Y(z) = W(z)P \tag{6.61}$$

とすると，$Y(z)$ も基本行列である．逆に，$W(z)$ と $Y(z)$ が(6.45)式の2つの基本行列であれば，$|P| \neq 0$ であるような定数行列が存在して，(6.61)の関係式が成り立つ．

[証明] 上で述べたことの初めの部分は明らかである．後の部分については，$W(z), Y(z)$ を2つの基本行列として，$P(z) = W^{-1}(z)Y(z)$ とおく．行列の微分を計算して，

$$\begin{aligned} P'(z) &= -W^{-1}W'W^{-1}Y + W^{-1}Y' \\ &= -W^{-1}A(z)WW^{-1}Y + W^{-1}A(z)Y = 0 \end{aligned}$$

が得られる．すなわち，$P(z)$ は定数行列であり，(6.61)式が得られる． ∎

$A(z)$ が極をもつ場合 上で，係数行列 $A(z)$ が $z=\alpha$ において正則であれば，(6.45)の解は $z=\alpha$ で正則であることを見てきた．次に，$A(z)$ が $z=\alpha$ に極をもつ場合を考える．ここで，行列 $A(z)$ が $z=\alpha$ に極をもつとは，少なくともその要素 $a_{ij}(z)$ の1つが $z=\alpha$ に極をもつことをいう．$\alpha=0$ としても一般性を失わないので，以下では $\alpha=0$ とする．

解析関数の極はつねに**孤立**しているから，$r>0$ を十分小さくとって，$|z|<r$ の範囲には $z=0$ 以外の特異点が存在しないようにできる．したがって，$A(z)$ は領域

$$D: \quad 0 < |z| < r$$

において1価正則である．D は穴が空いていて単連結でないから，(6.45)式の解 $\boldsymbol{y}(z)$ は一般に D において多価関数となる．すなわち，$z=0$ のまわりを（正の向きに）1周する径路 C を取り（図6-6），$\boldsymbol{y}(z)$ を C に沿って解析接続し

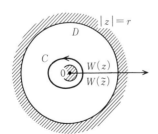

図6-6 D 内の1周径路 C

たとき，$y(z)$ が元の値に戻るとは限らない．これは $y(z)$ が $z=0$ に分岐点を
もつ可能性を意味している．

6-1 節で述べたように，解 $y(z)$ が $z=0$ に分岐点をもつ場合は，単葉の z 平
面の代りに，複数葉の z 平面からなるリーマン面 Z を考える必要がある．切
断は $z=0$ から $z=\infty$ まで（例えば正の実軸に沿って）とる．Z 上で，複素変数
$\tilde{z}$ を

$$\tilde{z} = e^{2\pi i} z \quad \text{すなわち} \quad \arg \tilde{z} = \arg z + 2\pi$$

で定義する．$\tilde{z}$ と z は z 平面上では同一の点であるが，Z 上では異なる点を表
わしている．

モノドロミー行列　　$W(z)$ を(6.45)式の基本行列とする．D 内の点 z にお
いて，$W(z)$ は(6.59)と(6.60)式を満たす．$\tilde{z}$ も D 内の点であるから，

$$W'(\tilde{z}) = A(\tilde{z}) W(\tilde{z}) \tag{6.62}$$

が成り立つ．$W(\tilde{z})$ を z の関数とみなして，$W(\tilde{z}) \equiv \tilde{W}(z)$ とおく．$A(z)$ は D
で 1 価正則であるから，$A(\tilde{z})=A(z)$．(6.62)式は

$$\tilde{W}'(z) = A(z) \tilde{W}(z)$$

と書き直せる．ゆえに，$\tilde{W}(z)$ も(6.45)式の基本行列であり，上で述べた基本
行列の性質により，ある定数行列 M が存在して，

$$W(\tilde{z}) = W(z) M, \quad |M| \neq 0 \tag{6.63}$$

という関係が成り立つ．この式は次のことを意味する．

基本行列 $W(z)$ を 1 周経路 C に沿って解析接続すると，初めの $W(z)$ に
（右側から）ある定数行列 M を掛けたものになる．この行列 M を**モノドロ
ミー行列**という．

いま，P を $|P| \neq 0$ である定数行列として，基本行列 $Y(z)=W(z)P$ を作る
と，$Y(z)$ のモノドロミー行列は $P^{-1}MP$ となる．なぜならば，

$$Y(\tilde{z}) = W(\tilde{z})P = W(z)MP = Y(z)P^{-1}MP \tag{6.64}$$

であるから．すなわち，モノドロミー行列は $P^{-1}MP$ に変換される．線形代
数において，行列の変換に関して次のことが知られている．

ここでは結果だけを述べる．そのくわしい内容については，例えば本シリー
ズ第 2 巻『線形代数』(第 7 章)などを参照してほしい．次の 2 つの項目で述べ

る内容はすこし高度であるが，方程式の特異点の種類を決めるためには必要となる．例題を解くことにより，内容を理解できるであろう．

　　ジョルダンの標準形と定数行列 A　　任意の複素 n 次正方行列 A に対し，適当な n 次正方行列 P（$|P|\neq 0$）をとって，A を次の形に変換できる．

$$P^{-1}AP = J = \begin{pmatrix} J^{(1)} & & & \\ & J^{(2)} & & \mathbf{0} \\ & & \ddots & \\ \mathbf{0} & & & J^{(s)} \end{pmatrix} \tag{6.65}$$

$J^{(i)}$ は n_i 次の正方行列で，$\sum_{i=1}^{s} n_i = n$，その対角要素はすべて等しく，その1つ右上側に1が並ぶ．他の非対角要素はすべて0であり，$\mathbf{0}$ で表わされる．

$$J^{(i)} = \begin{pmatrix} \alpha_i & 1 & & \mathbf{0} \\ & \ddots & \ddots & \\ & & \ddots & 1 \\ \mathbf{0} & & & \alpha_i \end{pmatrix} \tag{6.66}$$

（6.65）の形をジョルダン（Jordan）の標準形，$J^{(i)}$ をジョルダン細胞行列という．

　　（6.66）の行列をさらに行列の指数関数として，$J^{(i)} = e^{2\pi i A_i}$ という形に書く．A_i は n_i 次の正方行列で，単位行列 E_i とべきゼロ行列 σ_i からなる．後者は m 乗（$m \geq n_i$）するとゼロになる，$(\sigma_i)^m = 0$，のでそのような名前がついている．実際，

$$2\pi i A_i = (\log \alpha_i) E_i + \sigma_i \tag{6.67}$$

$$\sigma_i = D_i - \frac{1}{2}D_i^2 + \frac{1}{3}D_i^3 + \cdots, \qquad D_i = \begin{pmatrix} 0 & \alpha_i^{-1} & & \mathbf{0} \\ & & \ddots & \\ & & \ddots & \alpha_i^{-1} \\ \mathbf{0} & & & 0 \end{pmatrix}$$

とおくと，$(\sigma_i)^m = 0$（$m \geq n_i$）が成り立つことが確かめられ，（6.67）式が得られることがわかる．s 個の A_i を並べて

$$A = \begin{pmatrix} A_1 & & \mathbf{0} \\ & \ddots & \\ \mathbf{0} & & A_s \end{pmatrix} \tag{6.68}$$

を作る．標準形 J は A を用いて次のように表わされる．

$$J = e^{2\pi i \Lambda} \tag{6.69}$$

確定特異点と不確定特異点　モノドロミーの式(6.64)に戻り，$P^{-1}MP$ がジョルダン標準形(6.65)になるように選ぶ.

$$Y(\tilde{z}) = Y(z)J \tag{6.70}$$

(6.69)式で導入した定数行列 Λ を用いて $Y(z)$ を

$$Y(z) = \Phi(z)e^{\Lambda \log z} \tag{6.71}$$

と表わす．両辺で z を $\tilde{z}$ で置き換える．$e^{\Lambda \log \tilde{z}} = e^{\Lambda \log z}e^{2\pi i \Lambda} = e^{\Lambda \log z}J$ を用いて，

$$Y(\tilde{z}) = \Phi(\tilde{z})e^{\Lambda \log z}J$$

となる．一方，(6.70)式から，$Y(\tilde{z}) = \Phi(z)e^{\Lambda \log z}J$. 2 つの式を比べて，

$$\Phi(\tilde{z}) = \Phi(z)$$

が得られる．すなわち，行列 $\Phi(z)$ は領域 D で 1 価正則である．

これまで $A(z)$ の極は $z=0$ にあるとした．$A(z)$ が $z=\alpha$ に極をもつ場合は，z を $z-\alpha$，$\tilde{z}$ を $\tilde{z}-\alpha$ と置き換えて上の考察を行なえばよい．上の結果は次の定理にまとめられる.

定理 6-3　連立 1 階線形方程式(6.45)において，$A(z)$ が $z=\alpha$ に極をもつとする．このとき，基本行列 $W(z)$ は領域 $D : 0 < |z-\alpha| < r$ 内で 1 価正則な行列 $\Phi(z)$ と定数行列 Λ を用いて，

$$W(z) = \Phi(z)e^{\Lambda \log (z-\alpha)} \tag{6.72}$$

と表わすことができる．

$\Phi(z)$ は一般に $z=\alpha$ に特異点をもち得る．それがたかだか極であるとき $z=\alpha$ は(6.45)式の**確定特異点**，それが真性特異点であるとき(6.45)の**不確定特異点**であるという．

確定特異点は性質がよく，7-1, 7-2 節で説明するように，2 階の方程式に対しては解を求める標準的な方法が知られている．これに対して，不確定特異点に関しては解を求める一般的な方法がなく，取扱いが困難である．この点については 7-1 節で触れる．

上で述べた解の特異点に関する考察をわかりやすくまとめておく．線形系(6.45)に関して，$A(z)$ が $z=\alpha$ に極をもつと，解 $\boldsymbol{y}(z)$ は一般に $z=\alpha$ のまわりで 1 価でなくなる．この効果はモノドロミー行列 M を通して，基本行列

$W(z)$ の変換の式(6.66)として表わされる. モノドロミー行列をジョルダン標準形 J に変換し, J を(6.69)式のように書いて定数行列 Λ を定義する. Λ が求まれば, (6.72)式により $W(z)$ から領域 D で1価正則な行列 $\boldsymbol{\Phi}(z)$ を作ることができる. $\boldsymbol{\Phi}(z)$ の特異点の種類から微分方程式(6.45)の特異点の種類が決まる.

(6.72)式を成分で書いてみると, その意味がもうすこし明らかになる. (6.72), (6.67)式により,

$$W(z) = \begin{pmatrix} W_1 & & 0 \\ & \ddots & \\ 0 & & W_s \end{pmatrix}$$

$$W_i(z) = \boldsymbol{\Phi}(z)(z-\alpha)^{\rho_i} \exp\left[\frac{1}{2\pi i}\sigma_i \log(z-\alpha)\right] \tag{6.73}$$

ここで, $\rho_i = (\log\alpha_i)/2\pi i$. $\sigma_i{}^m = 0\,(m \geqq n_i)$ であるから, 右辺の指数関数を $\log(z-\alpha)$ のべきで展開すると, n_i-1 次多項式となる.

次の2つの例を解くことにより, モノドロミー行列の求め方と特異点の種類の決め方を学ぶことができる.

例題 6-3　例題 5-6 で解いた2元連立方程式

$$\boldsymbol{y}' = A(z)\boldsymbol{y}, \qquad A(z) = \frac{1}{z}\begin{pmatrix} 0 & \omega \\ \omega & 0 \end{pmatrix} \tag{6.74}$$

は $A(z)$ が $z=0$ に1位の極をもつ. この方程式の解に関して,

（1）　$z=0$ におけるモノドロミー行列を求めよ.

（2）　$z=0$ の特異点の性質を調べよ.

［解］　例題 5-6 で求めた2つの独立な解 $\boldsymbol{y}_1(z), \boldsymbol{y}_2(z)$ から基本行列を作る.

$$W(z) = \begin{pmatrix} z^\omega & z^{-\omega} \\ z^\omega & -z^{-\omega} \end{pmatrix}$$

$\tilde{z} = e^{2\pi i}z$ を右辺に代入し, $\tilde{z}^{\pm\omega} = e^{\pm 2\pi i\omega}z$ を用いて,

$$W(\tilde{z}) = \begin{pmatrix} z^\omega & z^{-\omega} \\ z^\omega & -z^{-\omega} \end{pmatrix}\begin{pmatrix} e^{2\pi i\omega} & 0 \\ 0 & e^{-2\pi i\omega} \end{pmatrix}$$

が得られる. モノドロミー行列は

$$J = \begin{pmatrix} e^{2\pi i\omega} & 0 \\ 0 & e^{-2\pi i\omega} \end{pmatrix}$$

となり，すでにジョルダン標準形である．定数行列 Λ は

$$\Lambda = \begin{pmatrix} \omega & 0 \\ 0 & -\omega \end{pmatrix}$$

(6.72)式から1価正則な行列 $\boldsymbol{\Phi}(z)$ を求める．

$$\boldsymbol{\Phi}(z) = W(z)e^{-\Lambda \log z} = W(z)\begin{pmatrix} z^{-\omega} & 0 \\ 0 & z^{\omega} \end{pmatrix} = \begin{pmatrix} 1 & 1 \\ 1 & -1 \end{pmatrix}$$

$\boldsymbol{\Phi}(z)$ は $z=0$ で正則であり，$z=0$ は(6.74)式の確定特異点である．■

例題 6-4　2元連立方程式

$$\boldsymbol{y}' = A(z)\boldsymbol{y}, \quad A(z) = \begin{pmatrix} 0 & \dfrac{1}{2} \\ \dfrac{3}{2}z^{-2} & 0 \end{pmatrix} \tag{6.75}$$

は $A(z)$ が $z=0$ に2位の極をもつ．基本行列のモノドロミー行列を求め，$z=0$ の特異点の種類を決めよ．

［解］　$y=y_1$，$y'=\dfrac{1}{2}y_2$ とおいて，(6.75)式を2階の単独方程式に直す．

$$y'' - \frac{3}{4}z^{-2}y = 0$$

$y=z^\lambda$ とおくと，λ が

$$\lambda(\lambda-1) - \frac{3}{4} = \left(\lambda - \frac{3}{2}\right)\left(\lambda + \frac{1}{2}\right) = 0$$

の根であれば，上の微分方程式の解となる．解は $\boldsymbol{y}_1 = (z^{3/2}, 3z^{1/2})^{\mathrm{T}}$，$\boldsymbol{y}_2 = (z^{-1/2}, -z^{-3/2})^{\mathrm{T}}$．基本行列として

$$W(z) = \begin{pmatrix} z^{3/2} & z^{-1/2} \\ 3z^{1/2} & -z^{-3/2} \end{pmatrix}$$

が得られる．$(e^{2\pi i}z)^{\pm 3/2} = -z^{3/2}$，$(e^{2\pi i}z)^{\pm 1/2} = -z^{1/2}$ を用いて，

$$W(\tilde{z}) = -W(z)$$

が得られる．モノドロミー行列は，$J = -\boldsymbol{E}$，$\Lambda = \dfrac{1}{2}\boldsymbol{E}$．(6.72)式により，

$$\Phi(z) = W(z)e^{-\frac{1}{2}\log z} = \begin{pmatrix} z & z^{-1} \\ 3 & -z^{-2} \end{pmatrix}$$

$\Phi(z)$ は $z=0$ に 2 位の極をもち, $z=0$ は(6.75)式の確定特異点である. ∎

6-4 単独 n 階線形系

この節では, 単独 n 階線形微分方程式

$$y^{(n)}+p_1(z)y^{(n-1)}+\cdots+p_n(z)y = 0 \tag{6.76}$$

について, 解の複素解析性を調べる. 5-1 節で述べたように, この方程式は, n 成分縦ベクトル

$$\boldsymbol{y} = (y, y', \cdots, y^{(n-1)})^{\mathrm{T}}$$

を作ることにより, n 元連立方程式の形に書き直せる.

$$\boldsymbol{y}' = A(z)\boldsymbol{y} \tag{6.77}$$

$$A(z) = \begin{pmatrix} 0 & 1 & & & \\ & 0 & 1 & & \mathbf{0} \\ & & \ddots & \ddots & \ddots \\ \mathbf{0} & & & \ddots & \ddots \\ & & & & 0 & 1 \\ -p_n(z) & -p_{n-1}(z) & \cdots & & -p_1(z) \end{pmatrix} \tag{6.78}$$

正則点　前節の定理 6-2 を(6.77)式に適用することにより, 単独 n 階線形系に対して次の基本的な定理が得られる.

定理 6-4　微分方程式(6.76)について, すべての $p_j(z)$ が z 平面のある領域 D において正則であるとする. α を D 内の点として, $\boldsymbol{\beta}$ を任意の n 成分複素定数ベクトルとする. このとき, 初期条件

$$\varphi(\alpha) = \beta_1, \ \varphi'(\alpha) = \beta_2, \ \cdots, \ \varphi^{(n-1)}(\alpha) = \beta_n \tag{6.79}$$

を満たす(6.76)の解 $y=\varphi(z)$ は D 全体で定義され, そこで正則である.

このような D 内の点 α を**正則点**と呼ぶ.

(6.76)の解の線形性と解空間に関しても, 前節の考察が当てはまる.

　n 階線形方程式(6.76)の解空間は n 次元の複素線形空間である.

基本系と基本行列　$y_1(z), y_2(z), \cdots, y_n(z)$ を(6.76)の基本系とする. 各

$y_j(z)$ に対応する(4.2)の解を $\boldsymbol{y}_j(z)$ と書く.

$$\boldsymbol{y}_j = (y_{1j}, y_{2j}, \cdots, y_{nj})^{\mathrm{T}} = (y_j, y_j', \cdots, y_j^{(n-1)}) \tag{6.80}$$

n 個の縦ベクトル $\boldsymbol{y}_j$ を並べて n 次の正方行列を作る.

$$W(z) = (\boldsymbol{y}_1(z), \boldsymbol{y}_2(z), \cdots, \boldsymbol{y}_n(z))$$

$$= \begin{pmatrix} y_1 & y_2 & \cdots & y_n \\ y_1' & y_2' & \cdots & y_n' \\ \cdots\cdots\cdots\cdots\cdots\cdots\cdots\cdots \\ y_1^{(n-1)} & y_2^{(n-1)} & \cdots & y_n^{(n-1)} \end{pmatrix} \tag{6.81}$$

$W(z)$ の行列式は基本系 $y_1, y_2, \cdots, y_n$ のロンスキアンに等しく, したがって,

$$|W(z)| = W(y_1, y_2, \cdots, y_n) \neq 0$$

$\boldsymbol{y}_j(z)$ は(6.77)式を満たすから, $W(z)$ は行列微分方程式

$$W' = A(z)W \tag{6.82}$$

を満たす. W は2つの性質(6.59)と(6.60)を満たすから, (6.77)式の基本行列である.

$\boldsymbol{p}_j(z)$ のどれかが極をもつ場合　　極の位置を $z=\alpha$ とすると, 連立方程式(6.77)において, $A(z)$ が $z=\alpha$ に極をもつ. 前節の考察により, (6.81)の基本行列 $W(z)$ に対して, (6.63)式で z を $z-\alpha$ で, $\tilde{z}$ を $\tilde{z}-\alpha$ で置き換えてモノドロミー行列 M が導入される. M をジョルダン標準形 J に選ぶと, (6.69)の形, $J = e^{2\pi i \Lambda}$ と表わされる. いまの場合に定理6-3を適用して, 領域 $D:0< |z-\alpha|<r$ 内で $W(z)$ の解析的な振舞いは

$$W(z) = \boldsymbol{\Phi}(z)e^{\Lambda \log(z-\alpha)}, \quad \boldsymbol{\Phi}(z) = (\varphi_{ij}(z)) \tag{6.83}$$

と表わされる. ここで, $\boldsymbol{\Phi}(z)$ は D で1価正則な行列である. $W(z)$ の振舞いを(6.81)式の左辺へ代入することにより, (6.76)の解 $y_j(z)$ の振舞いが読み取れる.

初めに, モノドロミー行列のジョルダン標準形 J が完全に対角である場合, すなわち, その固有値がすべて異なる場合を考える. この場合には, (6.67)式で, Λ_i は1次の行列(すなわち数)となり, $\Lambda_i = (\log \alpha_i)/2\pi i$. (6.83)式で, $e^{\Lambda \log(z-\alpha)}$ は対角な行列となる.

$$e^{\Lambda \log(z-\alpha)} = \begin{pmatrix} (z-\alpha)^{\rho_1} & & \\ & \ddots & \mathbf{0} \\ \mathbf{0} & & (z-\alpha)^{\rho_n} \end{pmatrix} \tag{6.84}$$

ここで, $\rho_i = (\log \alpha_i)/2\pi i$ とおいた. 行列 $\boldsymbol{\Phi}(z)$ の要素 $\varphi_{ij}(z)$ はすべて領域 D で1価正則な関数である. (6.84)式を(6.83)式に代入して, n 階の方程式 (6.76)の解 $y_i(z)$ は

$$y_i(z) = \varphi_{1i}(z)(z-\alpha)^{\rho_i}$$

と表わされる.

次に, α_i の値が n_i 重に縮退している場合を考える. 縮退していない α_k ($k \neq i$) の部分に関しては, 上の考察がそのまま当てはまる. 縮退した α_i に対応する n_i 次の正方行列の部分に関しては, (6.84)に代って

$$e^{\Lambda_i \log(z-\alpha)} = (z-\alpha)^{\rho_i} e^{(\sigma_i/2\pi i)\log(z-\alpha)}$$

となる. 右辺の指数関数の部分をべき展開すると, σ_i はべきゼロ行列($\sigma_i^m = 0$, $m \geqq n_i$) であるから,

$$e^{\Lambda_i \log(z-\alpha)} = (z-\alpha)^{\rho_i} \times [\log(z-\alpha) \text{ の } (n_i-1) \text{ 次多項式}] \qquad (6.85)$$

となる. ただし, 各次数の係数は定数行列である. この式を(6.83)式に代入した後, 行列の積を計算して解 $y_{l_i}(z)$ ($l_i = 1, 2, \cdots, n_i$) が求まる.

$$y_{l_i}(z) = (z-\alpha)^{\rho_i} P_{l_i}^{(n_i-1)}(z, \log(z-\alpha)) \qquad (6.86)$$

が得られる. ただし, $P_l^{(m)}(z, u)$ は u の m 次の多項式で, その係数はすべて領域 D で1価正則な関数である.

(6.86)の結果を使うと, 単独 n 階方程式(6.76)の解の特異点の種類を決定できる. 解(6.86)において, $\log(z-\alpha)$ の多項式の係数は $z = \alpha$ に特異点をもち得るが, それらがすべてたかだか極であるとき, $z = \alpha$ は(6.76)式の**確定特異点**, それらの1つが真性特異点であるとき, **不確定特異点**であるという.

もういちど例題 6-2 の2階の方程式を取り上げる.

例題 6-5

$$y'' - \frac{2z}{1-z^2}y' + \frac{2}{1-z^2}y = 0 \qquad (6.87)$$

y' および y の係数 $p_1(z), p_2(z)$ は $z = \pm 1$ に極をもつ. 2つの極は同じように扱えるので, ここでは $z = +1$ の極に注目する. この点の近傍で(6.87)式の解を (6.86)のように表わし, その特異点の種類を決めよ.

[解]　(6.87)式の解はすでに例題 6-2 で求めてある．2 つの解として

$$y_1 = z, \quad y_2 = 2 - z \log \frac{1+z}{1-z} = 2 + z \log(1-z) - z \log(1+z)$$

をとる．解 $y_1(z)$ は $\log(1-z)$ の 0 次式であり，$y_2(z)$ は $\log(1-z)$ の 1 次式であり，その係数 z は $z=1$ の近傍で 1 価正則である．これは，(4.86)式で $\rho_i = 0$ とおいた結果と一致している．1 次式の係数はすべて $z=1$ で正則であるから，$z=1$ は(4.76)式の確定特異点である．極 $z=-1$ についても同じことがいえる．■

6-5　確定特異点

連立 1 階線形系　(6.45)の n 元連立 1 階線形系

$$\boldsymbol{y}' = A(z)\boldsymbol{y} \tag{6.88}$$

に関して，$A(z)$ が $z=\alpha$ に極をもっている場合に戻る．このとき，$z=\alpha$ が確定特異点と不確定特異点のどちらであるか判定することは，一般にはむずかしい．

例題 6-6　単独 1 階線形方程式（$n=1$）の場合には，特異点の性質は簡単に判定できる．次の 2 つの方程式について，求積で解を求め，特異点の性質を決めよ．

(a)　$y' = \dfrac{a}{z-\alpha} y$

(b)　$y' = \dfrac{b}{(z-\alpha)^2} y$

[解]　どちらの微分方程式も変数分離形であり，直ちに答が求まる．

(a)　$\dfrac{y}{y_0} = (z-\alpha)^a$

(b)　$\dfrac{y}{y_0} = \exp\left[-\dfrac{b}{z-\alpha} \right]$

(a)では$z=\alpha$は確定特異点であり，(b)では$z=\alpha$は不確定特異点である．∎

一方，6-3節の例題6-3と例題6-4では，$A(z)$がそれぞれ$z=0$に1位と2位の極をもつが，どちらの場合も$z=0$は確定特異点である．

特異点が確定特異点であるための十分条件として，次の条件が成り立つ．

定理6-5 $A(z)$が$z=\alpha$に1位の極をもつとき，$z=\alpha$は(6.88)式の確定特異点である．

[証明の道筋] $\alpha=0$としてよい．(6.88)式の基本行列$Y(z)$として，(6.71)の形

$$Y(z) = \boldsymbol{\Phi}(z)e^{\varLambda \log z}$$

をとる．$z=0$が$\boldsymbol{\Phi}(z)$の真性特異点であれば，行列$\boldsymbol{\Phi}(z)$の要素のどれか，例えば$\varphi_{ij}(z)$が$z=0$に真性特異点をもつ．このときには，どんなに大きな正の整数mに対しても，$z^m\varphi_{ij}(z)$は$z\to0$の極限で有界になり得ない．したがって，$A(z)$が$z=0$に1位の極をもつとき，十分大きな正の整数Nが存在して，すべてのi,jについて，$z^N\varphi_{ij}(z)$が$z=0$の近傍で有界であることがいえれば，$z=0$は$\boldsymbol{\Phi}(z)$のたかだか極であり，(6.88)式の確定特異点であることが示せたことになる．その証明は省く．∎

[例5.1] 例3.2の2元連立方程式

$$\boldsymbol{y}' = A(z)\boldsymbol{y}, \quad A(z) = \begin{pmatrix} 0 & 1 \\ \dfrac{-2}{1-z^2} & \dfrac{2z}{1-z^2} \end{pmatrix} \tag{6.89}$$

において，$A(z)$は$z=\pm1$に1位の極をもつ．$z=\pm1$がこの式の確定特異点であることは例題6-5で示した．∎

[例5.2] 例題6-3の2元連立方程式

$$\boldsymbol{y}' = A(z)\boldsymbol{y}, \quad A(z) = \frac{1}{z}\begin{pmatrix} 0 & \omega \\ \omega & 0 \end{pmatrix} \tag{6.90}$$

において，$A(z)$は$z=0$に1位の極をもつ．この点はこの式の確定特異点であり，定理6-5の内容と一致している．∎

[例5.3] 例題6-4の2元連立方程式

$$y' = A(z)\boldsymbol{y}, \quad A(z) = \begin{pmatrix} 0 & \dfrac{1}{2} \\ \dfrac{3}{2}z^{-2} & 0 \end{pmatrix} \tag{6.91}$$

は，$A(z)$ が $z=0$ に 2 位の極をもつが，$z=0$ はこの式の確定特異点である．この例からも，定理 6-5 の条件が必要条件ではないことが分かる．▮

単独高階線形系　次に単独 n 階連立線形系

$$y^{(n)} + p_1(z)y^{(n-1)} + \cdots + p_n(z)y = 0 \tag{6.92}$$

に関して，$p_j(z)$ が $z=\alpha$ に極をもっている場合を考える．

[例 5.4]　次の n 階線形方程式を**オイラー(Euler)型の微分方程式**という．

$$z^n y^{(n)} + a_1 z^{n-1} y^{(n-1)} + \cdots + a_n y = 0 \tag{6.93}$$

ただし，a_j はすべて定数とする．この方程式を(6.92)の形に書くと，

$$p_1(z) = a_1 z^{-1}, \quad p_2(z) = a_2 z^{-2}, \quad \cdots, \quad p_n(z) = a_n z^{-n}$$

であり，$p_j(z)$ は $z=0$ に j 位の極をもつ．

(6.93)式は $y=z^\rho$ という形の解をもつ．このことを見るために，3-6 節の手法をまねて，線形微分作用素を用いて(6.93)式を

$$L(y) \equiv z^n y^{(n)} + a_1 z^{n-1} y^{(n-1)} + \cdots + a_n y = 0 \tag{6.94}$$

と書く，$y=z^\rho$ をこの式に代入して，

$$\begin{aligned} L(z^\rho) = [\rho(\rho-1)\cdots(\rho-n+1) + a_1\rho(\rho-1)\cdots(\rho-n+2) \\ + \cdots + a_n]z^\rho = 0 \end{aligned} \tag{6.95}$$

$z^\rho \neq 0$ であるから，この式は

$$\begin{aligned} \varphi(\rho) \equiv \rho(\rho-1)\cdots(\rho-n+1) + a_1\rho(\rho-1)\cdots(\rho-n+2) \\ + \cdots + a_n = 0 \end{aligned} \tag{6.96}$$

を意味する．すなわち，ρ が n 次の代数方程式(6.96)の根であれば，$y=z^\rho$ は(6.94)式の解である．n 個の根がすべて単根であれば，$y=z^\rho$ が互いに 1 次独立な n 個の解である．ある根 ρ が m 重根のときは

$$y = (\log z)^k z^\rho \quad (k \leqq m-1) \tag{6.97}$$

も(6.94)式の解である．なぜならば，(6.95)式の両辺を ρ について k 回微分して，$\varphi^{(k)}(\rho)=0$ を用いると

$$L[(\log z)^k z^\rho] = [\varphi^{(k)}(\rho) + k\varphi^{(k-1)}(\rho)\log z + \cdots + \varphi(\rho)(\log z)^k]z^\rho = 0$$

が成り立つからである.

結局,(6.97)がオイラー型の微分方程式(6.93)の n 個の異なる解であることが分かった.基本解(6.97)は前節で一般的な考察から導いた解の表式(6.86)の形をしている.いまの場合は $\log z$ の $m-1$ 次の多項式の係数がすべて定数であるから,$z=0$ は(6.93)式の確定特異点である. ▌

オイラー型の微分方程式に関する上の事実およびその逆を一般化して,次の定理が成り立つ.

定理6-6 n 階線形微分方程式(6.92)に関して,その係数 $p_1(z),\cdots,p_n(z)$ が領域 $D:0<|z|<r$ で正則とする.
$$p_1(z)=z^{-1}P_1(z), \quad \cdots, \quad p_n(z)=z^{-n}P_n(z)$$
とおく.そのとき,$P_1(z),\cdots,P_n(z)$ が $z=0$ で正則であることが,(6.92)式が $z=0$ を確定特異点とする互いに1次独立な解を n 個もつための必要十分条件である.

[証明の道筋] 初めに必要条件であることを示す.$z=0$ が(6.92)式の確定特異点であるとすると,その解は(6.86)の形,$\varphi(z)=z^\rho P^{(m)}(z,\log z)$,をしている.いまの場合,$\log z$ の m 次多項式の係数はすべて $z=0$ で正則であるとしてよい.領域 D 内で正の向きに1周する径路(図6-6と同じもの)に沿って $\varphi(z)$ を解析接続する.$\tilde{z}=e^{2\pi i}z$ とおいて計算すれば,その結果は $\varphi(\tilde{z})=e^{2\pi i\rho}z^\rho P^{(m)}(z,\log z+2\pi i)$ となり,これも解である.2つの解の1次結合
$$z^\rho[P^{(m)}(z,\log z)-P^{(m)}(z,\log z+2\pi i)]=z^\rho Q^{(m-1)}(z,\log z)$$
も解となる.$Q^{(m-1)}(z,\log z)$ は $\log z$ の $m-1$ 次の多項式で,その係数は $z=0$ で正則である.

上の操作を繰り返すことにより,
$$\varphi(z)=z^\rho\psi(z) \tag{6.98}$$
$\psi(z)$ は $z=0$ で正則,という形の解が得られる.$\log z$ を含まない解(6.98)が存在することを用いて,係数 $P_j(z)$ が $z=0$ で正則であることが導かれる.一般の n 階の場合にこれを示すと長くなるので,以下では $n=1$,すなわち1階の場合にこれを示す.

1階の方程式

$$y' + \frac{1}{z} P_1(z) y = 0$$

について，(6.98)が解であるとする．$\varphi'/\varphi = \rho/z + \psi'/\psi$ を用いて，

$$P_1(z) = -\rho - \frac{z\psi'}{\psi}$$

が得られる．$z\psi'/\psi$ は $z=0$ で正則であるから，$P_1(z)$ が正則であることがいえた．

　十分条件の証明は連立線形系(6.88)に関する定理6-5に帰着できる．そのために，

$$y_k = z^{k-1} y^{(k-1)} \qquad (k=0, 1, \cdots, n)$$

とおく．両辺を微分して，$k \leqq n-1$ に対して

$$y_k' = (k-1) z^{k-2} y^{(k-1)} + z^{k-1} y^{(k)} = \frac{1}{z}(k-1) y_k + \frac{1}{z} y_{k+1} \qquad (6.99)$$

が得られる．$k=n$ に対しては，(6.92)式を使って

$$
\begin{aligned}
y_n' &= (n-1) z^{n-2} y^{(n-1)} + z^{n-1} y^{(n)} \\
&= (n-1) z^{n-2} y^{(n-1)} - z^{n-1} \left[\frac{P_1(z)}{z} y^{(n-1)} + \cdots + \frac{P_n(z)}{z^n} y \right] \\
&= \frac{1}{z} [n-1-P_1(z)] y_n - \frac{P_2(z)}{z} y_{n-1} - \cdots - \frac{P_n(z)}{z} y_1
\end{aligned}
\qquad (6.100)
$$

が得られる．この2つの式が欲しい n 元連立線形系であり，係数行列 $A(z)$ は $z=0$ に1位の極をもつ．定理6-5により，$z=0$ はこの線形系の，したがって初めの(6.92)式の確定特異点である．■

第6章　演習問題

[1]　次の線形微分方程式
(1)　$y' - 2y = 1 + x$
(2)　$y' - \dfrac{y}{x} = x$

(3) $y'' - xy = 0$

(4) $y' = y^2$

(5) $(1-x^2)y'' - xy' + a^2 y = 0$

に関して

(a) $x=0$ におけるべき級数解を作れ.

(b) それらの収束半径を求めよ.

(c) (1)と(2)は解が初等関数で表わされる. それらが実際に微分方程式を満たすことを確かめよ.

[2] 問題[1]で, (5)の微分方程式に関して,

(a) その一般解は

$$y = A \cos(a \sin^{-1} x) + B \sin(a \sin^{-1} x)$$

で与えられることを示せ.

(b) 問題[1]で作った級数解が上の初等関数のテイラー展開と一致することを, 初めの数項に対して確かめよ.

[3] 問題[1]で扱った微分方程式の中から, 次の微分方程式

(1) $y' = 2y + 1 + z$

(2) $y_1' = y_2, \quad y_2' = -a^2(1-z^2)^{-1} y_1 + (1-z^2)^{-1} z y_2$

に定理6-1を適用する. $f_i(z, y_j)$ が正則であるという定理の前提条件が成り立つ z と y_j の領域を求め, その領域では解が一意的であるという定理の結論を確かめよ.

[4] 2元連立方程式

$$\boldsymbol{y}' = A(z)\boldsymbol{y}, \quad A(z) = \begin{pmatrix} 0 & \dfrac{1}{4} \\ -\dfrac{3}{4} z^{-2} & 0 \end{pmatrix}$$

は係数行列が $z=0$ に2位の極をもつ. 以下の手順で, この微分方程式の特異点の種類を決めよ.

(a) この連立方程式を2階の単独方程式に直す.

(b) $y = z^\lambda$ とおいて, 2階の方程式の基本系と基本行列 $W(z)$ を求める.

(c) (6.63)式からモノドロミー行列 M を求め, (6.69)式により行列 Λ を作る.

(d) (6.72)式から1価正則な行列 $\boldsymbol{\varPhi}(z)$ を求め, $z=0$ の特異点の種類を決める.

[5] 2元連立方程式

$$\boldsymbol{y}' = A(z)\boldsymbol{y}, \quad A(z) = \frac{\omega}{z} J, \quad J = \begin{pmatrix} 0 & 1 \\ -1 & 0 \end{pmatrix}$$

は係数行列が $z=0$ に 1 位の極をもつ．上の問題と同じ手順(a)～(d)により，解の特異点の種類を決めよ．ただし，こんどは

(a′)　$y=y_1$, $y'=\omega y_2/z$ とおいて 2 階の方程式に直す．

7 級数による解法と複素変数の微分方程式 Ⅱ

高階の線形方程式の中で，物理数学でよく使われ，取扱いも簡単なのは2階の方程式である．今後はもっぱらこの方程式について考察する．

$$y'' + p(z)y' + q(z)y = 0 \tag{7.1}$$

と書いて，$p(z)$ と $q(z)$ は有理関数とする．2つの z の多項式の比を z の**有理関数**という．

$p(z)$ と $q(z)$，またはそのどちらかが $z=\alpha$ に極をもつとする．定理6-6をこの場合（$n=2$）に適用すると，次の定理となる．

定理7-1 2階の線形微分方程式(7.1)に関して，その係数 $p(z), q(z)$ は領域 $D: 0 < |z-\alpha| < r$ で正則とする．(7.1)式が $z=\alpha$ を確定特異点とする2つの異なる解をもつための必要十分条件は，$p(z)$ と $q(z)$ が各々 $z=\alpha$ にたかだか1位とたかだか2位の極をもつことである．すなわち，

$$p(z) = (z-\alpha)^{-1}P(z), \quad q(z) = (z-\alpha)^{-2}Q(z) \tag{7.2}$$

とおくと，$P(z)$ と $Q(z)$ は $z=\alpha$ で正則な関数である．

$z=\infty$ における特異点　　(7.1)式の解の解析性を完全に理解するためには，解の $z=\infty$ の近傍での振舞いを調べる必要がある．$z=1/u$ とおくと，$z=\infty$ は

u 平面上の点 $u=0$ へ移る。したがって，(7.1)式を変数 u に関する微分方程式に書き直したとき，その解の $u=0$ の近傍での振舞いを調べればよい。

$z=1/u$ とおいて，

$$\frac{d}{dz} = -u^2 \frac{d}{du}$$

$$\frac{d^2}{dz^2} = u^2 \frac{d}{du} u^2 \frac{d}{du} = 2u^3 \frac{d}{du} + u^4 \frac{d^2}{du^2}$$

を用いると，(7.1)式は次のようになる。

$$\frac{d^2y}{du^2} + \left[\frac{2}{u} - \frac{1}{u^2}p\left(\frac{1}{u}\right)\right]\frac{dy}{du} + \frac{1}{u^4}q\left(\frac{1}{u}\right)y = 0 \tag{7.3}$$

$u=0$ がこの式の正則点と特異点のどちらであるかにより，$z=\infty$ が(7.1)式の正則点または特異点であるという。(7.3)式から次の定理が成り立つ。

定理 7-2 $z=\infty$ が(7.1)式の正則点であるための条件は，$z[2-zp(z)]$ と $z^4q(z)$ が $z=\infty$ で正則であることである。前者は $\lim_{z\to\infty} zp(z)=2$ が成り立つことを意味する。$z=\infty$ が(7.1)式の確定特異点であるための必要十分条件は，$zp(z)$ と $z^2q(z)$ が $z=\infty$ で正則であることである。

例題 7-1 第6章の例3.2の2階の方程式

$$y'' - \frac{2z}{1-z^2}y' + \frac{2}{1-z^2}y = 0 \tag{7.4}$$

の $z=\infty$ での解析性を調べよ。

[解] $z\to\infty$ の極限で

$$zp(z) \to 2, \quad z^2q(z) \to -2$$

したがって，$z=\infty$ は(7.4)式の確定特異点である。■

例題 7-2 2階の方程式

$$z^2y'' + zy' + (z^2-\nu^2)y = 0 \quad (\nu は定数) \tag{7.5}$$

はベッセル(Bessel)の方程式と呼ばれ，物理学や天文学でよく使われる。この方程式の特異点の性質を調べよ。

［解］ (7.5)式は $z=0$ に特異点をもつ.

$$p(z) = z^{-1}, \qquad q(z) = 1-\nu^2 z^{-2}$$

であるから, $z=0$ は(7.5)式の確定特異点である. 次に $z=\infty$ の点を調べる. $z\to\infty$ の極限で

$$zp(z) \to 1, \qquad z^2 q(z) \to \infty$$

であるから, $z=\infty$ は(7.5)式の不確定特異点である. ∎

確定特異点におけるべき級数展開　　2階の方程式(7.1)の場合には, 確定特異点 $z=\alpha$ の近傍における解の公式(6.86)は

$$y(z) = (z-\alpha)^\rho\bigl[f(z)+g(z)\log(z-\alpha)\bigr] \tag{7.6}$$

となる. $f(z)$ と $g(z)$ は $z=\alpha$ で正則であるから, $z-\alpha$ の正べき級数に展開できる. 以下で述べる展開式の求め方は**フロベニウス**(Frobenius)**の方法**と呼ばれる. 次節で超幾何級数を構成する際にこの方法が必要となる.

例によって, 特異点が $z=0$ の場合を扱う. $zp(z)$ と $z^2 q(z)$ は $z=0$ で正則であるから,

$$P(z) = \sum_{k=0}^{\infty} P_k(z), \qquad Q(z) = \sum_{k=0}^{\infty} Q_k(z)$$

と展開できる. 線形微分作用素を用いて, (7.1)式を

$$L(y) \equiv z^2 y''+zP(z)y'+Q(z)y = 0 \tag{7.7}$$

と書く. y として z^ρ をとると,

$$L(z^\rho) = \rho(\rho-1)z^\rho+\rho P(z)z^\rho+Q(z)z^\rho$$
$$= \phi(z,\rho)z^\rho$$

ここで, $\phi(z,\rho)$ は $z=0$ で正則であり,

$$\phi(z,\rho) = \rho(\rho-1)+\rho P(z)+Q(z)$$
$$= \phi_0(\rho)+\phi_1(\rho)z+\phi_2(\rho)z^2+\cdots \tag{7.8}$$

と展開でき, $\phi_k(\rho)$ は

$$\phi_0(\rho) = \rho(\rho-1)+\rho P_0+Q_0$$
$$\phi_k(\rho) = \rho P_k+Q_k \qquad (k=1,2,\cdots) \tag{7.9}$$

まず(7.6)の解で $\log z$ の項が現われない場合を想定して,

$$y(z) = z^\rho \sum_{k=0}^{\infty} a_k z^k \tag{7.10}$$

とおく. ρ を $y(z)$ の $z=0$ における指数(exponent)という. 微分方程式(7.7)
は

$$
\begin{aligned}
L(y) &= \sum_{k=0}^{\infty} a_k L(z^{\rho+k}) \\
&= z^\rho \sum_{k=0}^{\infty} a_k [\phi_0(\rho+k)+\phi_1(\rho+k)z+\phi_2(\rho+k)z^2+\cdots]z^k \\
&= 0
\end{aligned}
$$

となる. 右辺を z のべきが等しい項ごとにまとめ直し, 各項を 0 とおくと,

$$
\begin{aligned}
&a_0\phi_0(\rho) = 0 \\
&a_1\phi_0(\rho+1)+a_0\phi_1(\rho) = 0 \\
&\qquad\cdots\cdots\cdots\cdots \\
&a_k\phi_0(\rho+k)+a_{k-1}\phi_1(\rho+k-1)+\cdots+a_0\phi_k(\rho) = 0 \\
&\qquad\cdots\cdots\cdots\cdots
\end{aligned}
\tag{7.11}
$$

が得られる.

　a_0＝任意の定数$\neq0$ であるから, 上の第1式から,

$$\phi_0(\rho) = \rho(\rho-1)+\rho P_0+Q_0 = 0 \tag{7.12}$$

が得られる. すなわち, ρ は2次方程式の根として決まる. この2次方程式を
決定方程式(indicial equation)という. その2根を ρ_1, ρ_2 として, 差 $\rho_1-\rho_2$ が
整数であるかないかによって, 漸化式(7.11)の解き方が違う.

　(i)　$\rho_1-\rho_2 \neq$ 整数 のとき. $\rho=\rho_i$ ($i=1$ または 2)とする. (7.11)の第2式
から,

$$a_1 = -a_0 \frac{\phi_1(\rho_i)}{\phi_0(\rho_i+1)}$$

$\phi_0(\rho_i+1)\neq0$ であるから, a_1 が決まる. 同様にして, 第3, 第4, … 式から順
々に $a_2, a_3, \cdots$ が求まる. いまの場合 $\rho_1-\rho_2 \neq$ 整数 であり, したがって,

$$\phi_0(\rho_i+k) \neq 0 \qquad (k=1, 2, \cdots) \tag{7.13}$$

ゆえに, (7.11)式からすべての a_k が決まる. $\rho=\rho_1, \rho_2$ の各々に対して, a_k の

数列 $\{a_k^1\}$, $\{a_k^2\}$ が求まる. それらに対応して2つの展開式

$$y^1 = z^{\rho_1} \sum_{k=0}^{\infty} a_k^1 z^k, \qquad y^2 = z^{\rho_2} \sum_{k=0}^{\infty} a_k^2 z^k \tag{7.14}$$

が得られる. これらの2つの解は互いに1次独立であり, (7.1)式の基本系である.

(ii) $\rho_1 - \rho_2 =$ 整数 のとき. 決定方程式(7.12)の2つの根を $\rho_1, \rho_2 = \rho_1 - m$ (m は0または正の整数)とする. $\rho = \rho_1$ に対しては(7.13)がいつでも正しいから, 上の場合と同じ手順で(7.14)の y^1 が求まる.

$\rho = \rho_2$ に対しては, $\phi_0(\rho_2 + m) = 0$ となるから, (7.11)式で $k = m$ およびその先の a_k が決まらない. このような場合には, 前に何回か用いた方法(3-2節を参照)が使える. すなわち, ρ_2 の値を(7.12)式の根 $\rho_1 - m$ から少しずらして, 未定のパラメター ρ のままとする. (7.11)の第1式は0とならない. 定数 a_0 の値は任意であるから,

$$a_0(\rho) = \phi_0(\rho + m)$$

と選んでおく. いまの場合も第2式以下は成り立つとする. 上と同じ手順で $a_1, a_2, \cdots$ が決まる. a_k は ρ によるので, $a_k(\rho)$ と書く.

$$a_1(\rho) = -\frac{a_0(\rho)\phi_1(\rho)}{\phi_0(\rho+1)}, \qquad \cdots$$

これらの係数を用いたべき級数を

$$u(z, \rho) = z^{\rho} \sum_{k=0}^{\infty} a_k(\rho) z^k \tag{7.15}$$

とおく. (7.11)で第2式以下は満たされているとしたから,

$$L[u(z, \rho)] = a_0(\rho)\phi_0(\rho)z^{\rho} = \phi_0(\rho+m)\phi_0(\rho)z^{\rho}$$

が成り立つ. 両辺を ρ について偏微分した後, $\rho = \rho_1 - m = \rho_2$ とおく.

$$L\left[\frac{\partial}{\partial \rho}u(z, \rho)\right]\bigg|_{\rho=\rho_2} = [\phi_0'(\rho_1)\phi_0(\rho_2) + \phi_0(\rho_1)\phi_0'(\rho_2) + \phi_0(\rho_1)\phi_0(\rho_2)\log z]z^{\rho_2}$$

$$= 0$$

が得られる. すなわち, $\partial u(z, \rho)/\partial\rho|_{\rho=\rho_2}$ は(7.7)式の解である.

(7.15)のべき級数を ρ について偏微分して,

$$\frac{\partial}{\partial \rho} u(z, \rho)\Big|_{\rho = \rho_2} = z^{\rho_2} \sum_{k=0}^{\infty} \left[a_k'(\rho_2) + a_k(\rho_2) \log z \right] z^k$$

が得られる. 右辺の [ ] の中の第2項については,

$$\begin{aligned} a_0(\rho_2) &= \phi_0(\rho_1) = 0 \\ a_k(\rho_2) &\propto a_0(\rho_2) = 0 \qquad (k = 1, 2, \cdots, m-1) \end{aligned} \tag{7.16}$$

が成り立つ. 第2項の和は

$$z^{\rho_2} \sum_{k=m}^{\infty} a_k(\rho_2) z^k \log z = z^{\rho_1} \sum_{k=0}^{\infty} a_{m+k}(\rho_2) z^k \log z \tag{7.17}$$

と書き直せる. じつは (7.16) の結果を用いた後で, (7.11) 式で $a_{m+k}(\rho_2)$ を決める漸化式は $a_k(\rho_1)$ を決める式と一致する. したがって,

$$a_{m+k}(\rho_2) = c a_k(\rho_1) \qquad (c \text{ は定数})$$

が得られる. 結局, (7.17) は $c y^1(z) \log z$ に等しい.

以上の結果をまとめて, 2つの異なる解のべき級数展開として次のものが得られた.

$$\begin{aligned} y^1(z) &= z^{\rho_1} \sum_{k=0}^{\infty} a_k(\rho_1) z^k \\ y^2(z) &= z^{\rho_2} \sum_{k=0}^{\infty} a_k'(\rho_2) z^k + c y^1(z) \log z \end{aligned} \tag{7.18}$$

不確定特異点と漸近展開　　上で述べた解 $y(z)$ の $z = \alpha$ におけるべき級数展開は, $z = \alpha$ が微分方程式 (7.1) の正則点または確定特異点であるときに可能である. $z = \alpha$ が (7.1) 式の不確定特異点のときには級数展開がどんな意味をもつのかを見ておこう. 6-4 節の考察から, このときも

$$y(z) = (z-\alpha)^\rho \varphi(z)$$

$\varphi(z)$ は $0 < |z - \alpha| < r$ で1価正則, という形の解が存在する. ただし, $z = \alpha$ が真性特異点であるので, $\varphi(z)$ は (7.10) 式ではなく,

$$\varphi(z) = \sum_{k=-\infty}^{\infty} a_k (z-\alpha)^k$$

のようにローラン (Laurent) 展開できる. この事情により, $\varphi(z)$ の展開係数を漸化式から決めることはできなくなる.

しかし，解 $y(z)$ に対して，べき級数展開とは別の種類の展開式を作ることができる．**漸近展開**（asymptotic expansion）と呼ばれる展開式であり，理工学でよく使われる重要な道具である．

（7.1）式が $z=\infty$ に不確定特異点をもつとする．定理 7-2 により，$zp(z)$ と $z^2q(z)$ のどちらか，または両方が $z=\infty$ で正則でない．$z=\infty$ で

$$p(z) = \sum_{k=0}^{\infty} p_k z^{-k}, \quad q(z) = \sum_{k=0}^{\infty} q_k z^{-k}$$

と展開すると，p_0, q_0, q_1 のどれかは 0 でない．いま，形式的に

$$y(z) = e^{\lambda z} z^{\rho} \sum_{k=0}^{\infty} a_k z^{-k} \quad (a_0 = 1) \tag{7.19}$$

と表わす．この式を微分方程式（7.1）に代入し，z の各べきの項が消えるという条件から，係数 λ, ρ および a_k $(k=1,2,\cdots)$ を順次決めることができる．

こうして得られた形式級数（7.19）は発散している場合が多く，$0 < 1/|z| < r$ で正則な解とはなっていない．実は発散級数（7.19）は（7.1）式の解の漸近展開を与えることが分かっている．そのくわしい説明については，巻末参考書[3]～[5]を参照されたい．

［例 1.1］ ベッセルの微分方程式（7.5）

$$y'' + \frac{1}{z}y' + \left(1 - \frac{\nu^2}{z^2}\right)y = 0$$

に関して，$z=\infty$ が不確定特異点であることは例題 7-2 で示した．上で述べた方法で形式解（7.19）を求めると

$$y(z) = e^{iz} z^{-1/2} \left[1 + \sum_{k=1}^{\infty} \frac{1}{k!}\left(\nu^2 - \frac{1}{4}\right)\left(\nu^2 - \frac{9}{4}\right)\cdots\left(\nu^2 - \frac{(2k-1)^2}{4}\right)\left(\frac{i}{2z}\right)^k\right]$$

および，この式で i を $-i$ で置きかえたものが得られる．この級数の収束半径は

$$\rho = \lim_{k \to \infty} \frac{2k}{|\nu^2 - (2k-1)^2/4|} = \lim_{k \to \infty} \frac{2}{k} = 0$$

となるから，発散級数である．∎

7-2 フックス型方程式, ガウスの方程式

前節と同じ形の2階の線形方程式

$$y'' + p(z)y' + q(z)y = 0 \tag{7.1}$$

の考察を続ける. この形の微分方程式の中で, 特異点がすべて確定特異点であるものを**フックス(Fucks)型方程式**という. この節では(7.1)式がフックス型である場合を扱う.

　フックス型方程式は確定特異点の個数で特徴づけられる. すぐあとに示すように, 特異点の数が2以下の方程式の解は簡単に求められる. 特異点の数が3になって初めて, 求積法では解けない場合が現われる. この場合を詳しく調べる. 特異点の数が4以上になると, 大域的な意味で解を作るという問題はまだ解決されていない. ここで, べき級数解を作るときのように, z 平面のある1点の近傍における微分方程式の解を調べることを**局所的(local)**理論という. これに対して, 微分方程式が z 平面の広い範囲で定義されているとき, その広い範囲で解を調べる理論を**大域的(global)**理論という.

　特異点が存在しないといういちばん簡単なフックス型は, 以下の理由により起り得ない. まず, $p(z)$ と $q(z)$ は $|z| < \infty$ で正則な関数であり, したがって, どちらも多項式である. 一方, 前節の定理7-2により, $z = \infty$ で $zp(z) = 2$ であり, $z^4 q(z)$ は正則でなければならない. 後者は $q = 0$ を意味する. 前者の条件と $p(z)$ が多項式という2つの条件は両立できない.

　2番目に簡単なフックス型は特異点を1つしかもたないものである. 特異点を $z = a \neq \infty$ とする. 定理7-1により, $(z-a)p(z)$ と $(z-a)^2 q(z)$ は $|z| < \infty$ で正則, したがって多項式である. 一方, $z = \infty$ は正則点であるから, $z = \infty$ で $zp(z) = 2$ であり, $z^4 q(z)$ は正則でなければならない. この2つのことから $p(z)$ と $q(z)$ が決まり,

$$(z-a)p(z) = 2, \quad q(z) = 0$$

となる. 求める方程式は

$$y''+\frac{2}{z-a}y' = 0 \tag{7.20}$$

となる.

特異点が $z=\infty$ にある場合は別に考える必要がある. $p(z)$ と $q(z)$ は $|z|<\infty$ で正則，したがって多項式である. 一方，定理7-2により，$zp(z)$ と $z^2q(z)$ は $z=\infty$ で正則である. この2つのことから，$p(z)\equiv q(z)\equiv 0$ となる. したがって，

$$y'' = 0 \tag{7.21}$$

が得られる. この式の一般解は

$$y = b+cz$$

である. じつは(7.20)式は変数変換で(7.21)式と結びついている. 実際，$\zeta=(z-a)^{-1}$ とおくと，(7.20)式は

$$\frac{d^2y}{d\zeta^2} = 0$$

となる. この式の，したがって(7.20)式の一般解は

$$y = b+c\zeta = b+\frac{c}{z-a}$$

である.

次に，特異点が2つしかないフックス型方程式を考える. 2つの特異点を $z=a,b$（どちらも $\neq\infty$）とする. $p(z)$ は，$(z-a)(z-b)p(z)$ が $|z|<\infty$ で正則，$z=\infty$ で $zp(z)=2$ という2つの条件から決まる.

$$p(z) = \frac{2z+A}{(z-a)(z-b)} = \frac{1+\alpha}{z-a}+\frac{1-\alpha}{z-b}$$

ただし A と α は定数で，$A=-a-b+\alpha(a-b)$. $q(z)$ は，$(z-a)^2(z-b)^2q(z)$ が $|z|<\infty$ で正則，$z=\infty$ で $z^4q(z)$ が正則という2つの条件から決まる. β を定数として，

$$q(z) = \frac{\beta}{(z-a)^2(z-b)^2}$$

求める方程式は

$$y'' + \left(\frac{1+\alpha}{z-a} + \frac{1-\alpha}{z-b}\right)y' + \frac{\beta}{(z-a)^2(z-b)^2}y = 0 \qquad (7.22)$$

である.

　(7.22)式に関して，独立変数の変換によって，2つの特異点の位置 a, b を変えることができる．変数変換

$$\zeta = \frac{z-a}{z-b} = 1 - \frac{a-b}{z-b}$$

は複素 z 平面から複素 ζ 平面への1対1写像であり，**1次変換**と呼ばれるものの1種である．この写像により，2つの特異点 $z=a$ と $z=b$ は ζ 平面上の $\zeta = 0$ と $\zeta = \infty$ に対応する．(7.22)式を変数 ζ を用いて書き直してみよう．

$$y' = \frac{a-b}{(z-b)^2}\frac{dy}{d\zeta} = \frac{(\zeta-1)^2}{a-b}\frac{dy}{d\zeta}$$

$$y'' = \frac{(\zeta-1)^2}{a-b}\frac{d}{d\zeta}y' = \frac{(\zeta+1)^2}{(a-b)^2}\left((\zeta-1)^2\frac{d^2y}{d\zeta^2} + 2(\zeta-1)\frac{dy}{d\zeta}\right)$$

および $1/(z-a) = (1/\zeta-1)/(a-b)$，$1/(z-b) = (1-\zeta)/(a-b)$ を用いて，(7.22)式は

$$\frac{d^2y}{d\zeta^2} - (1+\alpha)\frac{1}{\zeta}\frac{dy}{d\zeta} - \frac{\beta}{(a-b)^2}\frac{1}{\zeta^2}y = 0 \qquad (7.23)$$

となる．これはオイラーの微分方程式(4-3節，6-5節)に他ならない.

　以上をまとめると，特異点を2つしかもたないフックス型方程式の一般形は(7.22)式であり，変数変換によりオイラーの方程式に帰着できる．その解は第6章の例5.4で求めてある.

特異点が3つあるフックス型　　特異点が3つある場合を考える．初めに，それらを $z=a, b, c$（どれも $\neq\infty$）として，$p(z)$ と $q(z)$ がどう決まるかを調べる.

　$p(z)$ について，$z=a, b, c$ はたかだか1位の極であり，それ以外には極がないから，$(z-a)(z-b)(z-c)p(z)$ は $|z| < \infty$ で正則である．これは

$$p(z) = \frac{1}{(z-a)(z-b)(z-c)} \times (多項式)$$

と書けることを意味する．右辺は

$$p(z) = \frac{\alpha_a}{z-a} + \frac{\alpha_b}{z-b} + \frac{\alpha_c}{z-c} + 多項式$$

と書き直すことができる．$\alpha_a, \alpha_b, \alpha_c$ は定数である．$z=\infty$ は(7.1)式の正則点であるから，定理7-2により，$z=\infty$ で $zp(z)=2$ である．これは $z\to\infty$ で $p(z)=0$ を意味するから，すぐ上の式で，多項式の部分は0である．3つの極の部分に対しては，$\alpha_a+\alpha_b+\alpha_c=2$ が成り立つことが必要である．$p(z)$ の形は次の形に決まる．

$$p(z) = \frac{\alpha_a}{z-a} + \frac{\alpha_b}{z-b} + \frac{\alpha_c}{z-c}$$

$$\alpha_a+\alpha_b+\alpha_c = 2 \tag{7.24}$$

$q(z)$ については，$\tilde{q}(z) \equiv (z-a)(z-b)(z-c)q(z)$ を作ると便利である．$\tilde{q}(z)$ は $z=a,b,c$ だけにたかだか1位の極をもつ．$z=\infty$ は正則点であるから，$z\tilde{q}(z)$ は $z=\infty$ で有限である．上と同様な考察により，$\tilde{q}(z)$ は(7.24)式と同様な形に決まる．ただし，3つの係数の和に対する条件は必要ない．

$$q(z) = \frac{1}{(z-a)(z-b)(z-c)}\left(\frac{\beta_a}{z-a} + \frac{\beta_b}{z-b} + \frac{\beta_c}{z-c}\right) \tag{7.25}$$

求める方程式は

$$y'' + \left(\frac{\alpha_a}{z-a} + \frac{\alpha_b}{z-b} + \frac{\alpha_c}{z-c}\right)y' + \frac{1}{(z-a)(z-b)(z-c)}$$
$$\times \left(\frac{\beta_a}{z-a} + \frac{\beta_b}{z-b} + \frac{\beta_c}{z-c}\right)y = 0 \tag{7.26}$$
$$\alpha_a+\alpha_b+\alpha_c = 2$$

(7.26)式は一般には解を初等関数で表わすことができない．そこで，解を $z=a$ または b,c のまわりのべき級数として求めることを考える．前節で述べたフロベニウスの方法を用いる．級数解(7.10)のべきは決定方程式(7.12)から決まる．その2つの根をそれぞれ

$$\rho_i, \rho_i' \qquad (i=a,b,c)$$

と書く．$p(z)$ と $q(z)$ に現われる6つのパラメター α_i, β_i は6つの根 ρ_i, ρ_i' で

表わされることを以下で示す.

特異点 $z=a$ のまわりで, $p(z)$ と $q(z)$ は

$$P(z) \equiv (z-a)p(z) = \alpha_a + O(z-a)$$

$$Q(z) \equiv (z-a)^2 q(z) = \frac{\beta_a}{(a-b)(a-c)} + O(z-a)$$

と表わされるから, $P_0 = \alpha_a$, $Q_0 = \beta_a/(a-b)(a-c)$. 他の 2 つの特異点 $z=b,c$ についても同様な関係が成り立つ. 決定方程式(7.12)

$$\rho^2 + (P_0-1)\rho + Q_0 = 0$$

の根と係数の関係から,

$$1-\alpha_a = \rho_a + \rho_a', \qquad \beta_a = (a-b)(a-c)\rho_a \rho_a'$$
$$1-\alpha_b = \rho_b + \rho_b', \qquad \beta_b = (b-c)(b-a)\rho_b \rho_b' \qquad (7.27)$$
$$1-\alpha_c = \rho_c + \rho_c', \qquad \beta_c = (c-a)(c-b)\rho_c \rho_c'$$

が得られる. ただし,

$$\rho_a + \rho_a' + \rho_b + \rho_b' + \rho_c + \rho_c' = 1 \qquad (7.28)$$

という関係がある.

次に, 特異点の 1 つは ∞ である場合を考える. 3 つの特異点を $z=a,b,\infty$ とする. 上の場合と似た考察から, $p(z)$ と $q(z)$ を決めることができる. ここでは詳しいことは省いて, 結果だけを書く. 求める方程式は

$$y'' + \left(\frac{\alpha_a}{z-a} + \frac{\alpha_b}{z-b}\right)y' + \frac{1}{(z-a)(z-b)}\left(\frac{\beta_a}{z-a} + \frac{\beta_b}{z-b} + \beta_\infty\right)y = 0 \quad (7.29)$$

となる.

$z=a,b,\infty$ における決定方程式の根を $\rho_i, \rho_i' (i=a,b,\infty)$ とする. やはり上の場合と似た考察から, $p(z)$ と $q(z)$ に含まれる 5 つのパラメター α_i, β_i と根 ρ_i, ρ_i' の間の関係が導かれる. 答は

$$1-\alpha_a = \rho_a + \rho_a', \qquad \beta_a = (a-b)\rho_a \rho_a'$$
$$1-\alpha_b = \rho_b + \rho_b', \qquad \beta_b = (b-a)\rho_b \rho_b' \qquad (7.30)$$
$$\beta_\infty = \rho_\infty \rho_\infty'$$

ただし, ρ_i, ρ_i' の間には(7.28)の関係がある.

リーマンの P 関数　微分方程式(7.26)は 3 つの極の位置 a,b,c と 3 組の

根 $\rho_i, \rho_i'\,(i=a,b,c)$ を与えることにより 1 つに定まる．その解全体は 1 つの関数族を作るが，この関数族も完全に指定される．微分方程式(7.29)についても同じことがいえる．そこで，(7.26)式および(7.29)式の解全体をそれぞれ

$$P\left\{\begin{matrix} a & b & c \\ \rho_a & \rho_b & \rho_c & z \\ \rho_a' & \rho_b' & \rho_c' \end{matrix}\right\}, \quad P\left\{\begin{matrix} a & b & \infty \\ \rho_a & \rho_b & \rho_\infty & z \\ \rho_a' & \rho_b' & \rho_\infty' \end{matrix}\right\} \tag{7.31a, b}$$

という記号で表わす．これらをリーマンの **P 関数**という．

[例 2.1] 量子力学などでよく使われるルジャンドル(Legendre)関数は次の 2 階の線形微分方程式(**ルジャンドルの微分方程式**)を満たす．

$$(1-z^2)y''-2zy'+\nu(\nu+1)y = 0 \tag{7.32}$$

あるいは $1-z^2$ で割って，

$$y''+\left(\frac{1}{z+1}+\frac{1}{z-1}\right)y''-\frac{\nu(\nu+1)}{(z+1)(z-1)}y = 0$$

ν は一般には複素な定数でよい．$z=-1$ と $z=1$ は $p(z)$ と $q(z)$ の 1 位の極であり，この方程式の確定特異点である．$z=\infty$ で $zp(z)$ と $z^2q(z)$ は有限であり，$z=\infty$ も確定特異点である．したがって，ルジャンドルの方程式(7.32)は特異点が 3 つ($a=-1$, $b=1$, $c=\infty$)のフックス型である．決定方程式の根は，$\rho_{-1}=\rho_{-1}'=\rho_1=\rho_1'=0$, $\rho_\infty=\nu+1$, $\rho_\infty'=-\nu$ である．解全体が作る関数の族は

$$P\left\{\begin{matrix} -1 & 1 & \infty \\ 0 & 0 & \nu+1 & z \\ 0 & 0 & -\nu \end{matrix}\right\}$$

と表わされる．

(7.32)式で ν が 0 または正の整数(l と書く)である特別な場合には，$P_l(z)$ は l 次の多項式となり，**ルジャンドル多項式**と呼ばれる．

特異点が $0,1,\infty$ にあるフックス型　独立変数 z の 1 次分数関数

$$\zeta = \frac{Az+B}{Cz+D}, \quad AD-BC \neq 0$$

を考える．z から ζ への変換を **1 次変換**または**メービウス(Möbius)変換**という．この変換により，3 つの特異点 $z=a,b,c$ を ζ 平面上の任意の 3 点へ写す

ことができる．特別な変換として，ζ 平面上の3点

$$\zeta = 0, 1, \infty$$

に対応させるものを作る．求める変換は

$$\zeta = \frac{b-c}{b-a}\frac{z-a}{z-c} = \frac{b-c}{b-a}\left(1-\frac{a-c}{z-c}\right) \tag{7.33}$$

または

$$z = c\frac{\zeta-a(b-c)/c(b-a)}{\zeta-(b-c)/(b-a)} = c+\frac{(c-a)(b-c)}{b-a}\frac{1}{\zeta-(b-c)/(b-a)}$$

である．微分方程式(7.26)を新しい変数 ζ で書き直す．

$$y' = \frac{d\zeta}{dz}\frac{dy}{d\zeta} = \frac{b-a}{(a-c)(b-c)}\left(\zeta-\frac{b-c}{b-a}\right)^2\frac{dy}{d\zeta}$$

$$y'' = \frac{(b-a)^2}{(c-a)^2(b-c)^2}\left(\zeta-\frac{b-c}{b-a}\right)^2\left[\left(\zeta-\frac{b-c}{b-a}\right)^2\frac{d^2y}{d\zeta^2}+2\left(\zeta-\frac{b-c}{b-a}\right)\frac{dy}{d\zeta}\right]$$

および

$$\frac{1}{z-a} = \frac{1}{c-a}\left(\zeta-\frac{b-c}{b-a}\right)\frac{1}{\zeta}, \qquad \frac{1}{z-b} = \frac{1}{c-b}\left(\zeta-\frac{b-c}{b-a}\right)\frac{1}{\zeta-1}$$

$$\frac{1}{z-c} = \frac{b-a}{(c-a)(b-c)}\left(\zeta-\frac{b-c}{b-a}\right)$$

を(7.26)式に代入すればよい．すこし面倒な計算の後，

$$\frac{d^2y}{d\zeta^2}+\left(\frac{\alpha_a}{\zeta}+\frac{\alpha_b}{\zeta-1}\right)\frac{dy}{d\zeta}+\frac{1}{\zeta(\zeta-1)}\left(\frac{\beta_a}{\zeta}+\frac{\beta_b}{\zeta-1}+\beta_\infty\right)y = 0 \tag{7.34}$$

が得られる．

　当然予想されたように，(7.34)式は前に述べた(7.29)式で $a=0$，$b=1$ とおき，変数 z を ζ で置き換えたものと一致している．したがって，(7.34)式の解全体は(7.31b)式で同じ置き換えを行なった P 関数で表わされる．ただし，パラメター α_i と β_i は(7.30)で与えられる．

　(7.26)式と(7.34)式は変数変換(7.33)を通して同等な式であり，したがって両者の解の全体も一致している．すなわち，

$$P\left\{\begin{matrix} a & b & c \\ \rho_a & \rho_b & \rho_c & z \\ \rho'_a & \rho'_b & \rho'_c \end{matrix}\right\} = P\left\{\begin{matrix} 0 & 1 & \infty \\ \rho_a & \rho_b & \rho_c & \zeta \\ \rho'_a & \rho'_b & \rho'_c \end{matrix}\right\} \tag{7.35}$$

が成り立つ. ただし, ζ は(7.33)式で与えられる.

　ガウスの微分方程式　　上で得られた $z=0,1,\infty$ を確定特異点とする微分方程式(7.34)は, 以下のようにして標準的な形に直すことができる. 一般に, $z=a,b,c$ を確定特異点とする方程式(7.26)に対して, 従属変数の変換

$$y = (z-a)^{-\lambda}(z-b)^{-\mu}w \tag{7.36}$$

を考える. y の微分を計算すると

$$y' = (z-a)^{-\lambda}(z-b)^{-\mu}\left[w' - \left(\frac{\lambda}{z-a}+\frac{\mu}{z-b}\right)w\right]$$

$$y'' = (z-a)^{-\lambda}(z-b)^{-\mu}\left\{w'' - 2\left(\frac{\lambda}{z-a}+\frac{\mu}{z-b}\right)w'\right.$$
$$\left. + \left[\frac{\lambda}{(z-a)^2}+\frac{\mu}{(z-b)^2}\right]+\left(\frac{\lambda}{z-a}+\frac{\mu}{z-b}\right)^2\right]w\right\}$$

が得られる. 新しい従属変数 w に対する微分方程式も y と同じ位置 $z=a,b,c$ に特異点をもち, したがって(7.26)と同じ形になる. ただし, 微分方程式の決定方程式の根は, y に対する場合の根を ρ_i,ρ'_i とすると, w に対する場合の根は

$$\rho_a+\lambda,\ \rho'_a+\lambda;\quad \rho_b+\mu,\ \rho'_b+\mu;\quad \rho_i-\lambda-\mu,\ \rho'_c-\lambda-\mu \tag{7.37}$$

となる. これに伴って, w に対する微分方程式(7.26)において, パラメター α_i,β_i は(7.37)の根を用いて表わされる. 以上のことから, y に対する微分方程式の P 関数と w に対する P 関数の間の関係が導かれる.

$$P\left\{\begin{matrix} a & b & c \\ \rho_a & \rho_b & \rho_c & z \\ \rho'_a & \rho'_b & \rho'_c \end{matrix}\right\} = (z-a)^{-\lambda}(z-b)^{-\mu}P\left\{\begin{matrix} a & b & c \\ \rho_a+\lambda & \rho_b+\mu & \rho_c-\lambda-\mu & z \\ \rho'_a+\lambda & \rho'_b+\mu & \rho'_c-\lambda-\mu \end{matrix}\right\}$$
$$\tag{7.38}$$

(7.35)式と(7.38)式は P 関数の変換公式とよばれる.

　上の結果を確定特異点が $\zeta=0,1,\infty$ にある微分方程式(7.34)に適用する. 変換式(7.36)で変数を z の代りに ζ とし, λ と μ の値は

$$\rho_a + \lambda = \rho_b + \mu = 0$$

が成り立つように選ぶ. さらに, 残った3つのパラメーターを, $\rho_c - \lambda - \mu = \alpha$, $\rho_c' - \lambda - \mu = \beta$, $\rho_b' + \mu = \gamma - \alpha - \beta$ と表わすと, $w(\zeta)$ に対する P 関数は

$$P\begin{Bmatrix} 0 & 1 & \infty & \\ 0 & 0 & \alpha & \zeta \\ 1-\gamma & \gamma-\alpha-\beta & \beta & \end{Bmatrix} \qquad (7.39)$$

となる. w に対する微分方程式

$$\zeta(\zeta-1)w'' + [(1+\alpha+\beta)\zeta-\gamma]w' + \alpha\beta w = 0 \qquad (7.40)$$

が得られる. この微分方程式は**ガウス(Gauss)の微分方程式**と呼ばれる.

結局, 変数の1次変換(7.33)と従属変数の変換(7.36)を合わせた議論により, 特異点を3つもつフックス型方程式の解の研究は, ガウスの方程式の解を調べることに帰着されることが分かった.

超幾何級数　ガウスの微分方程式(7.40)の3つの特異点 $0, 1, \infty$ における, 決定方程式の根は

$$0, \ 1-\gamma; \quad 0, \ \gamma-\alpha-\beta; \quad \alpha, \ \beta$$

である. 前節で述べたフロベニウスの方法を用いて, 各特異点におけるべき級数解を求めることができる. ここでは, $\zeta=0$ の特異点を考える. $1-\gamma \neq$ 整数として, 対数項を含まない場合を扱う. ガウスの方程式(7.40)を(7.7)の形に書くと, 2つの係数は

$$P(\zeta) = (1-\zeta)^{-1}[\gamma - (1+\alpha+\beta)\zeta] = \gamma - (1+\alpha+\beta-\gamma)(\zeta+\zeta^2+\cdots)$$

$$Q(\zeta) = -(1-\zeta)^{-1}\zeta\alpha\beta = -\alpha\beta(\zeta+\zeta^2+\cdots)$$

と表わされるから,

$$P_0 = \gamma, \ Q_0 = 0; \quad P_k = -(1+\alpha+\beta-\gamma), \ Q_k = -\alpha\beta \qquad (k \geqq 1)$$

$$\phi_0(\rho) = \rho(\rho-1) + \gamma\rho = \rho(\rho-1+\gamma)$$

$$\phi_k(\rho) = P_k\rho + Q_k = -(1+\alpha+\beta-\gamma)\rho - \alpha\beta$$

である.

まず根 $\rho=0$ に対応する解

$$w = \sum_{k=0}^{\infty} a_k \zeta^k$$

を求める．ただし，$a_0=1$ とおく．a_k に対する漸化式

$$a_1\phi_0(1)+\phi_1(0) = \gamma a_1-\alpha\beta = 0$$

$$a_2\phi_0(2)+a_1\phi_1(1)+\phi_2(0) = 2(1+\gamma)a_2-(1+\alpha+\beta+\alpha\beta-\gamma)a_1-\alpha\beta = 0$$

　　　$\ldots\ldots\ldots\ldots$

を解いて，

$$a_1 = \frac{\alpha\beta}{\gamma},\ \ a_2 = \frac{\alpha(\alpha+1)\beta(\beta+1)}{2(\gamma+1)\gamma},\ \ \cdots,\ \ a_k = \frac{(\alpha)_k(\beta)_k}{k!(\gamma)_k}$$

が得られる．ここで，$(\alpha)_k=\alpha(\alpha+1)\cdots(\alpha+k-1)$ である．$1-\gamma\neq$整数 であるから，分母の因子 $(\gamma)_k$ は 0 にはならない．求める解は

$$w = 1+\sum_{k=1}^{\infty}\frac{(\alpha)_k(\beta)_k}{k!(\gamma)_k}\zeta^k \equiv F(\alpha,\beta,\gamma;\zeta) \tag{7.41}$$

で与えられる．この級数は**超幾何級数**とよばれる．

　α または β が負の整数（$=-n$）のときには，$k\geqq n+1$ に対して $a_k=0$ となり，$w(\zeta)$ は多項式になる．そうでないときには，$w(\zeta)$ は無限級数になる．この級数は $|\zeta|<1$ で収束し，そこで正則な関数が定義できる．さらに複素関数の解析接続により，複素 ζ 平面全体で定義される．この解析関数 $F(\alpha,\beta,\gamma;\zeta)$ を**超幾何関数**（hypergeometric function）とよぶ．

　上の解と独立な，根 $\rho=1-\gamma$ に対応する解は

$$w = \zeta^{1-\gamma}\sum_{k=0}^{\infty}b_k\zeta^k$$

と展開できる．このべき級数も上と同様にして求めることができる．あるいは，P 関数の変換公式(7.38)を用いると，上の結果を利用して簡単に結果が得られる．答はやはり超幾何級数を使って表わされる．

$$w = \zeta^{1-\gamma}F(\alpha-\gamma+1,\beta-\gamma+1,2-\gamma;\zeta) \tag{7.42}$$

　結局，ガウスの微分方程式(7.40)の 2 つの独立な解が求まり，超幾何関数で表わされた．

$$w^1(\zeta) = F(\alpha,\beta,\gamma;\zeta)$$

$$w^2(\zeta) = \zeta^{1-\gamma}F(\alpha-\gamma+1,\beta-\gamma+1,2-\gamma;\zeta)$$

多くのよく知られた関数が超幾何関数で表わすことができる．次に例を示そ

う.

[例 2.2]　対数関数

$$\log x = (x-1)F(1,1,2\,;\,1-x)$$

ルジャンドル多項式

$$P_l(x) = F\Big(l+1,\,-l,\,1\,;\,\frac{1}{2}(1-x)\Big) \quad \blacksquare$$

　超幾何関数は物理学における応用が広く，またその研究はべき級数，複素関数，リーマン面，微分方程式など，数学における多くの問題と関連しているという意味で，特に重要な関数である．ガウスの微分方程式と超幾何関数の性質については，巻末にあげた参考書[5]が詳しく扱っている．

7-3　非線形方程式

物理現象などへの応用では，基準量からの微小なずれを扱うことが多い．このときには，ずれを表わす未知関数が満たす微分方程式は線形である．基準量からのずれが大きくなると，線形近似は悪くなり，非線形微分方程式を扱うことが必要となる．

　[例 3.1]　第 4 章の例 3.1 で扱った重力振子の運動方程式は

$$\theta'' = -\omega^2 \sin\theta$$

であり，振れの角度 θ について非線形な方程式である．θ が微小なときには，上の式は線形な方程式

$$\theta'' = -\omega^2 \theta$$

となり，よく知られた単振動の方程式である．　$\blacksquare$

　動く特異点　　非線形な方程式を線形な方程式と比べたとき，後者では解がもつ特異点の位置が方程式によって決まっているのに対し，前者では特異点の位置が方程式自体からは決まらない，という決定的な違いがある．

　[例 3.2]　1 階で非線形項が 2 次の方程式

$$y' = -\frac{y^2}{z} \tag{7.43}$$

を考える．この方程式は変数分離形であり，直ちに解ける．$z=1$ で $y=y_0$ となる解は

$$y = \frac{1}{\log z + y_0} = \frac{1}{\log(z \exp[1/y_0])}$$

である．この解の特異点は $z=0$ と $z=\exp[-1/y_0]$ の2つである．前者は方程式(7.43)の右辺に現われる極 $1/z$ に由来している．後者 $z=\exp[-1/y_0]$ は位置が y_0 により，初期値 y_0 を変えると特異点の位置が変わる．すなわち，解によって特異点の場所が違ってくる．このような特異点を**動く特異点**と名づける．▮

　上の例に現われたような動く特異点のために，非線形な微分方程式の解の性質を調べることが非常に難しくなり，その研究は線形方程式の研究に比べて1世紀以上遅れている．

　ここでは最も簡単な1階の非線形方程式を取りあげる．その中でも

$$\frac{dy}{dz} = \frac{P(z,y)}{Q(z,y)} \tag{7.44}$$

という形のものを考える．$P(z,y), Q(z,y)$ は y の多項式であり，その次数を p, q とする．

$$P(z,y) = \sum_{k=0}^{p} a_k(z) y^k, \qquad Q(z,y) = \sum_{k=0}^{q} b_k(z) y^k$$

係数 $a_k(z), b_k(z)$ は z の解析関数とする．

　上の形の非線形方程式について，次の基本的な定理が成り立つ．

　定理7-3　(7.44)の形の非線形微分方程式に関して，その解 $y(z)$ がもつ動く特異点は代数分岐点または極に限られる．

　関数 $y(z)$ が $(z-\alpha)^{1/\nu}$（ν は2以上の整数）のべき級数として表わされるとき，$z=\alpha$ を**代数分岐点**という．$\sqrt{z-\alpha}$ や $1/\sqrt{z-\alpha}$ は $z=\alpha$ に代数分岐点をもつ関数の簡単な例である．

　この定理はパンルベ（Painlevé）によって導かれた．ここではその証明は省略する．定理7-3は次のことを意味している．1階の非線形方程式(7.44)について，動く特異点は比較的性質のよいものである．対数分岐点や真性特異点は

どの解でも同じ位置に現われる動かない特異点であり，方程式自体から定まる．

[例3.3] 1階で非線形項が3次の方程式

$$y' = \frac{y^3}{2z^2}$$

も変数分離法により解が求まる．一般解は，$1/y^2 - 1/y_0^2 = 1/z - 1/z_0$．$y$ について解いて，

$$y = \frac{1}{\sqrt{1/z - 1/z_0 + 1/y_0^2}} = \sqrt{\frac{-\alpha z}{z - \alpha}}$$

ここで，$1/\alpha = 1/z_0 - 1/y_0^2$ とおいた．この解は $z = 0$ と $z = \alpha$ に特異点をもち，どちらも代数分岐点である．$z = \alpha$ は解の初期条件によって変わり，動く特異点である． ∎

[例3.4] 例3.2の非線形方程式(7.43)について，動かない特異点 $z = 0$ は対数分岐点であるが，動く特異点 $z = \exp[-1/y_0]$ は極である． ∎

非線形微分方程式の中では，その解が動く特異点を持たないものは比較的扱いやすい，1階の非線形方程式に限ると，以下で述べるように，そのような方程式の形を決めることができる．

ふたたび非線形方程式(7.44)を考える．$y = \infty$ となる場合も想定して，従属変数の変換 $u = 1/y$ を考えておく．(7.44)式は

$$\frac{du}{dz} = \frac{R(z, u)}{S(z, u)} \tag{7.45}$$

と変換される．

くわしい説明は省くが，(7.44)式で $Q(z, y)$ が y を含んでいると，その解 $y(z)$ は動く代数分岐点をもってしまう．そうならないためには，$Q(z) = b_0(z)$ でなければならない．そのときには，(7.44)式は

$$\frac{dy}{dz} = \frac{1}{b_0(z)} \sum_{k=0}^{p} a_k(z) y^k \tag{7.46}$$

という形である．この式を(7.45)の形に書き直すと

$$\frac{du}{dz} = -\frac{1}{y^2} \frac{dy}{dz} = -u^2 \frac{1}{b_0(z)} \sum_{k=0}^{p} a_k(z) u^{-k}$$

$$= -\frac{a_0(z)u^p + \cdots + a_p(z)}{b_0(z)u^{p-2}} \tag{7.47}$$

$p>2$ とすると，この式を(7.45)式と比べて，$S(z,u)=b_0(z)u^{p-2}$ が得られる.

やはり証明は省くが，(7.45)式に関して，$S(z,0)$ が恒等的に 0 であると，解 $u(z)$ は動く代数分岐点をもつ. このことを(7.47)式に当てはめると，$p>2$ であれば $S(z,0)\equiv 0$ であり，解が動く代数分岐点をもつ. ゆえに，(7.47)式，したがって(7.46)式の解が動く代数分岐点をもたないためには，$p\leqq 2$ が必要である. すなわち，

$$\frac{dy}{dz} = a(z)+b(z)y+c(z)y^2 \tag{7.48}$$

という形に決まる. この2次までの非線形性をもつ方程式は**リッカチ (Ricatti)の微分方程式**として知られている.

[**例3.5**] 例3.2の非線形項が2次の方程式 $y'=-y^2/z$ はリッカチの方程式の特別な場合であるが，例3.3の3次の方程式 $y'=y^3/2z$ はそうでない. ▋

リッカチの方程式(7.48)は一般には初等解法で解けない. しかし，未知関数の変換によって，2階の線形方程式に書き直すことができる. このような手続きを**線形化(linearization)**という.

$c(z)\equiv 0$ のときは(7.48)式は初めから線形であるから，$c(z)\not\equiv 0$ としてよい.

$$y = -\frac{1}{c(z)}\frac{u'}{u} \tag{7.49}$$

とおくと，(7.48)式は

$$u'' - \left[b(z)+\frac{c'(z)}{c(z)}\right]u' + a(z)c(z)u = 0 \tag{7.50}$$

となり，2階の線形方程式に変換される.

(7.49)式により，解 $y(z)$ の特異点を与えるのは，$c(z), u(z), u'(z)$ の特異点，および $c(z), u(z)$ の零点である. この中で，$c(z)$ の特異点と零点は動かない. $u(z)$ は線形な微分方程式(7.50)を満たすから，$u(z)$ と $u'(z)$ の特異点も動かない. 動く特異点があるとすれば，それは $u(z)$ の零点に由来するものである.

$u(z)$ が零点をもつとして，その 1 つを $z=\alpha$ とする．$z=\alpha$ の近傍で，$u(z)$ $=(z-\alpha)^\nu[c_\nu+O(z-\alpha)]$ $(\nu>0)$ と展開できて，$u'(z)/u(z)=\nu(z-\alpha)^{-1}+O(1)$. ゆえに，動く特異点があるとしても，それは 1 位の極である．

これまでの結果をまとめて，次の定理が成り立つ．

定理 7-4 1 階の非線形微分方程式(7.44)が動く分岐点を持たないためには，それがリッカチの微分方程式(7.48)であることが必要である．また，動く特異点を持たないためには，それが線形であることが必要十分である．

非線形方程式の階数が 2 階以上になると，解の特異点の性質を調べる問題はさらにむずかしくなる．2 階の場合には，対数分岐点や真性分岐点も動く特異点になり得ることが分かっている．

第 7 章 演習問題

[1] 次の 2 階の方程式は $z=0$ に確定特異点をもつ．$z=0$ におけるべき級数解を求めよ．

(1) $z^2 y'' + zy' - y = 0$

(2) $z(z+2)y'' + (z+1)y' - 4y = 0$

(3) $z^2 y'' + zy' + (z^2-\nu^2)y = 0$

[2] ルジャンドルの微分方程式

$$(z^2-1)y'' + 2zy' - \nu(\nu+1)y = 0$$

は $z=-1, 1, \infty$ に確定特異点をもつ．

(1) 変数の 1 次変換 $z \to \zeta$ によりガウスの微分方程式に直せ．

(2) ルジャンドル関数 $P_\nu(z)$ を超幾何関数 $F(\alpha, \beta, \gamma ; \zeta)$ で表わせ．

(3) $\nu = l =$ 正の整数 のとき，超幾何級数を用いて，ルジャンドルの多項式 $P_l(z)$ を作り，$P_1(z), P_2(z)$ を書け．

[3] 問題 [1](2)の微分方程式は確定特異点を 3 つもつフックス型である．

(1) この方程式のリーマンの P 関数を求めよ．

(2) ガウスの微分方程式に直せ．

(3) 解を超幾何関数で表わせ．

さらに勉強するために

本書の目的は，初めて微分方程式を学ぶ人のために，常微分方程式の基本的な内容を説明することにあった．常微分方程式に関する成書は，応用を目的とするものに限っても夥しい数の本が出版されている．理工系の学生が微分方程式の内容をより深くまた広く理解するためには，常微分方程式に関する類書を何冊も読むよりは，関連した数学，例えば線形代数や複素関数論についての本を合せて読んで，それらの知識を確かにしていく方が大事である．

　ここでは本書を読み終えた後にさらに読むべき常微分方程式の本を少数だけあげておく．これらの本は本書の内容を補うのにも役に立つ．

　　[1]　L.C.ポントリャーギン（千葉克裕訳，木村俊房校閲）：常微分方程式（共立出版，1963）

　　[2]　E.A.コディントン，N.レビンソン（吉田節三訳）：常微分方程式論（上，下）（吉岡書店，1968）

　　[3]　福原満洲雄：常微分方程式（第2版）（岩波全書，1980）

　　[4]　斎藤利弥：基礎常微分方程式論（朝倉書店，1979）

[1]では解の安定性のくわしい考察がなされている．数学的な面に重点をおいて書かれているが，工学への応用例も豊富であり，理工系の学生にとっても読みやすい．[2]は常微分方程式全般にわたる標準的な教科書である．

　常微分方程式の物理学への応用という観点から，特殊関数は特に重要である．

　　[5]　犬井鉄郎：特殊函数（岩波全書，1962）

　力学系への応用に焦点を当てて常微分方程式を論じたものとして

　　[6]　V.I.アーノルド（足立正久，今西英器訳）：常微分方程式（現代数学社，1981）

がある．数学的な色彩が濃いが，物理的な応用例も豊富である．

　いろいろな形の常微分方程式を広く扱った入門書は多い．その中から2つだ

けあげておく.

  [7]　木村俊房：常微分方程式の解法（培風館, 1958）

  [8]　A.B.I.スミルノフ（福原満洲雄他訳）：高等数学教程3（共立出版, 1958）

[7]は求積法が中心となっている.

演習問題略解

第1章

[1] （1）両辺を x で微分して，$y'=2a(x-b)$．初めの式と合わせて，$(y')^2=4a(y-c)$．（2）両辺を微分して，$yy''-x=0$．初めの式と合わせて，$y^2(y')^2=y^2-c$．

[2] $y''+\omega^2 y=(f/m)\sin(\Omega t)$．ここで，$\omega^2=k/m$．

[3] $\dot{V}+V/CR=E(t)/CR$．

[4] 微分方程式は $dN/dx=-\mu N$．第1章例3.1と同じ方法で解が求まり，$N(x)=N_0 e^{-\mu x}$．距離 l だけ通過する間に粒子数 N が $1/2$ に減少するとすると，$N(l)/N(0)=e^{-\mu l}=1/2$ が成り立つ．この式から，$l=(\log 2)/\mu$．

[5] （1）$(N_0 e^{-\gamma t})'=N_0(-\gamma)e^{-\gamma t}=-\gamma N$．

（2）$\dfrac{d}{dt}\dfrac{1}{1+Ae^{-\mu t}}=-\dfrac{-A\mu e^{-\mu t}}{(1+Ae^{-\mu t})^2}=\mu\left[\dfrac{1}{1+Ae^{-\mu t}}-\dfrac{1}{(1+Ae^{-\mu t})^2}\right]=\mu(1-n)n$．

（3a）$yy'=\sqrt{r^2-x^2}\,\dfrac{-x}{\sqrt{r^2-x^2}}=-x$．（3b）$[(x-a)^3+b]'=3(x-a)^2=3(y-b)^{2/3}$．

第2章

[1] （1）$yy'=\dfrac{1}{2}(y^2)'=x$ の両辺を x で積分して，$y^2-x^2=A$（A は定数）．

（2）$y'/y=-1/x$ を積分して，$\log|y|=-\log|x|+C$（C は定数）．両辺の指数関数をとって，$xy=A$．その他に $y=0$ も解である．

（3）$\left(\dfrac{1}{y}+\dfrac{1}{1-y}\right)y'=\mu$ と書き，両辺を x で積分する．$\log|y|-\log|1-y|=\log|y/(1-y)|=\mu t+C$．両辺の指数関数をとって，$y/(1-y)=e^{\mu t}/A$．$y=1/(1+Ae^{-\mu t})$．その他に $y=0$ も解である．

（4）式を整理して，$(1/y+1)y'=-1/x-1$．両辺を積分して，$\log|y|+y=-\log|x|-x+C$，$\log|xy|=-x-y+C$．両辺の指数関数をとって，$xy=Ae^{-x-y}$．その他に $y=0$ も解である．

（5）$\dfrac{1}{y}y'=-\tan x$．$(\log(\cos x))'=-\dfrac{\sin x}{\cos x}$ を用いて，$\log|y|=\log|\cos x|+C$．両辺の指数関数をとって，$y=A\cos x$．

（6）式を整理して，$[1/(y-1)-1/y]y'=1/x$．両辺を積分して，$\log|(y-1)/y|=\log|x|+C$．両辺の指数関数をとって，$(y-1)/y=Ax$．$y=1/(1-Ax)$．その他に $y=0$ も解である．

[2] （1） $w=ay-bx$ とおいて，$w'=-aw-b$．$w'/(aw+b)=-1$ を解いて，$\log|aw+b|=-ax+C$（C は定数）．$aw+b=Ae^{-ax}$．$y=\dfrac{b}{a}\Big(x-\dfrac{1}{a}\Big)+Be^{-ax}$（$B$ は定数）．

（2） $w=y+cx^2+2cx$ とおいて，$w'=w+2c$．$w'/(w+2c)=1$ を解いて，$\log|w+2c|=x+D$（D は定数）．$w+2c=Ae^x$．$y=-c(2+2x+x^2)+Ae^x$．

[3] （1） そのまま x で積分できて，$\log|y|=a\log|x|+C$．$y=A|x|^a$．

（2） $u=y/x$ とおいて，$xu(xu'+u)+xu=2x$．$xuu'=-(u-1)(u+2)$．式を整理して，$\dfrac{1}{3}\Big(\dfrac{2}{u+2}+\dfrac{1}{u-1}\Big)u'=-\dfrac{1}{x}$．$x$ で積分して，$\log|(u+2)^2(u-1)|=-\log|x^3|+C$．$(u+2)^2(u-1)x^3=A$．$(y+2x)^2(y-x)=A$．

（3） $u=y/x$ とおいて，$xu'+u=(u^2-1)/2u$．$2xuu'+2u^2=u^2-1$．$2uu'/(u^2+1)=-1/x$．積分した答は $\log|u^2+1|=-\log|x|+C$．$x(u^2+1)=A$．$y^2+x^2=Ax$，$y^2+(x-A/2)^2=A^2/4$．

（4） $u=y/x$ とおいて，$xu'+u=\dfrac{1+u}{1-u}$．$xu'(1-u)+u(1-u)=1+u$．$\dfrac{1-u}{1+u^2}u'=\dfrac{1}{x}$．$(\tan^{-1}u)'=\dfrac{u'}{1+u^2}$ を用いて，$\tan^{-1}u-\dfrac{1}{2}\log|1+u^2|=\log|x|+C$．$\tan^{-1}(y/x)-\dfrac{1}{2}\log(x^2+y^2)=C$．

[4] （3）の解曲線は x 軸上の 1 点（$x=A/2$）を中心とする y 軸に接する（半径が $|A|/2$ の）円（図 2-A）．（4）に対しては，極座標 $x=r\cos\theta,\ y=r\sin\theta$ を用いて，$\theta-\log r=C$（C は定数）．$r=Ae^\theta$ が得られる．この解曲線は原点の周りを左向きに 1 回転するごとに動径 r が $e^{2\pi}$ 倍だけ増えながら，らせんを描く．このらせんは**ベルヌーイ**（Bernoulli）**らせん**と呼ばれる（図 2-B）．

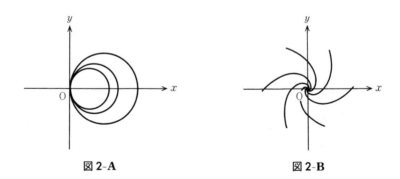

図 2-A   図 2-B

[5] （1） 斉次方程式は $z'-\alpha z=0$．$z'/z=\alpha$ を積分して，$\log|z|=\alpha x+C$，$z=Ae^{\alpha x}$．$y=a(x)z$ とおいて，$y'=a'z+\alpha az$ と $y'=\alpha az+\beta e^{-\lambda x}$ から，$a'z=\beta e^{-\lambda x}$．$a'=A^{-1}\beta e^{-(\lambda+\alpha)x}$ を積分して，$a(x)=A^{-1}\beta\displaystyle\int dx\,e^{-(\lambda+\alpha)x}=A^{-1}\beta[-e^{-(\lambda+\alpha)x}/(\lambda+\alpha)+C]$．$y=a(x)Ae^{\alpha x}=-\beta e^{-(\lambda+\alpha)x}/(\lambda+\alpha)+Be^{\alpha x}$（$B$ は定数）．

（2）　斉次方程式 $z'-xz=0$ の解は $\log|z|=x^2/2+C$, $z=Ae^{x^2/2}$. $y=a(x)z$ とおいて，$a'z+axz=axz+x$, $a'z=x$ が得られる．解は $a=A^{-1}\int dx\,xe^{-x^2/2}=\dfrac{1}{2}A^{-1}\int^{x^2}dt\,e^{-t/2}=A^{-1}(-e^{-x^2/2}+C)$. $y=Ae^{x^2/2}a=-1+Be^{x^2/2}$.

（3）　斉次方程式 $z'+\alpha xz=0$ の解は $\log|z|=-\dfrac{\alpha}{2}x^2$, $z=Ae^{-\alpha x^2/2}$. $y=a(x)z$ とおいて，$a'z=\beta x^3$. $a=A^{-1}\beta\int dx\,x^3 e^{\alpha x^2/2}=A^{-1}\dfrac{\beta}{\alpha}\Big(x^2-\dfrac{2}{\alpha}\Big)e^{\alpha x^2/2}+C$. $y=\dfrac{\beta}{\alpha}\Big(x^2-\dfrac{2}{\alpha}\Big)+Be^{-\alpha x^2/2}$.

（4）　斉次方程式 $z'-z/x=0$ を解いて，$z=Ax$. $y=a(x)z$ とおいて，$a'z=\beta/x$ を積分して，$a=-A^{-1}\beta/x+C$. $y=-\beta+Bx$.

[6]　（2）　$y'=x(1+y)$. $y'/(1+y)=x$ を積分して，$\log|1+y|=\dfrac{1}{2}x^2+C$, $y=-1+Ae^{x^2/2}$.

（4）　$y'=(y+\beta)/x$. $y'/(y+\beta)=1/x$. 解は $\log|y+\beta|=\log|x|+C$. $y=-\beta+Ax$.

[7]　$t\leqq T$ で $Q(t)=CV+Ae^{-t/RC}$ （A は定数）．

[8]　（1）　$U\equiv x^3/3-2xy+y^3/3=C$ （C は定数）．　（2）　$U\equiv-y\cos x=C$.　（3）　$U\equiv(x^3+1)(y^2+1)=C$.　（4）　$U\equiv\dfrac{1}{2}\log|x^2-y^2|$. 解は $x^2-y^2=C$ （$\neq 0$）．

[9]　積分因子を ρ，積分を V と書く．C は定数．（1）　$\rho=-1/xy$. $V=\log|y/x|$. 解は $y=Cx$.　（2）　$\rho=-1/x^3$. $V\equiv y/x^2=C$.　（3）　$\rho=x$. $V\equiv(1+y^2)x^2=C$.　（4）　$\rho=\sin y$. $V\equiv x\cos y=C$.

[10]　（1）　方程式 $\dfrac{2}{3}y'/(y-a)^{1/3}=1$ を積分して，$(y-a)^{2/3}=x+b$ （b は定数）．両辺を 3 乗して，一般解 $(y-a)^2=(x-b)^3$ が得られる．$y=a$ は特異解である．

（2）　方程式を $y'=\pm 2\sqrt{a^2/y^2-1}$, $yy'/\sqrt{a^2-y^2}=\pm 2$ と書き直す．一般解は $\sqrt{a^2-y^2}=\pm 2(x-b)$. 両辺を 2 乗して，$y^2+4(x-b)^2=a^2$. $y=\pm a$ は特異解を与える．一般解は x 軸上の 1 点を中心として 2 つの直線 $y=\pm a$ に接する楕円の族を表わす（図 2-**C**）．

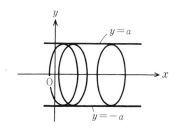

図 2-**C**

[11]　（1）　$\varphi\equiv(y-a)^2-(x-b)^3$, $\partial\varphi/\partial b\equiv-3(x-b)^2$. 包絡線の方程式は，$\varphi=0$ と $\partial\varphi/\partial b=0$ を連立させることで得られる．$(y-a)^2=0$. すなわち，$y=a$.

（2）　$\varphi\equiv y^2+4(x-b)^2-a^2$, $\partial\varphi/\partial b\equiv-8(x-b)$. 包絡線の方程式は，$y^2+(x-b)^2-a^2=0$ と $x-b=0$ を連立させることで得られる．$y^2-a^2=0$, すなわち，$y=\pm a$.

第3章

[1] (1) $y = A \sin(2t + \phi)$, または $y = A \sin(2t) + B \cos(2t)$. (2) $y = Ae^{\omega t} + Be^{-\omega t}$. (3) $y = A \sin(\omega t + \phi)$.

(1)と(3)が周期性をもつ. 周期はそれぞれ, $T = \pi$, $T = 2\pi/\omega$.

[2] (1) $y = ze^{-x}$ とおくと, $z'' - 2z = 0$. (2) $y = z \exp\left[\dfrac{3}{2}x\right]$. $z'' + \dfrac{3}{4}z = 0$.
(3) $y = ze^{-2x}$. $z'' = 0$. (4) $y = z \exp\left[-\dfrac{3}{2}x\right]$. $z'' + \dfrac{1}{4}z = 0$.

[3] (1) $\rho^2 + \rho - 2 = 0$. $\rho = 1, -2$. $y = ae^x + be^{-2x}$. (2) $\rho^2 + 2\rho + 2 = 0$. $\rho = -1 \pm i$. $y = e^{-x} \sin(x + \phi)$. (3) $\rho^2 + 6\rho + 9 = 0$. $\rho = -3$（重根）. $y = ae^{-3x} + bxe^{-3x}$.
(4) $2\rho^2 + 3\rho + 1 = 0$. $\rho = -1, -1/2$. $y = ae^{-x} + be^{-x/2}$.

(2)は減衰振動, (3)は臨界減衰, (4)は過減衰. (2)の解に関して, 減衰振動の周期は $T = 2\pi$. 摩擦がないときの単振動の周期は $T_0 = \sqrt{2}\,\pi$.

[4] (1) $\dfrac{a}{b} \neq \dfrac{c}{d}$ であれば, $\dfrac{a + bx}{c + dx} = \dfrac{b}{d} \dfrac{x + a/b}{x + c/d} \neq$ 定数. したがって, 2つの関数は互いに1次独立である.

(2) $\rho - \sigma \neq 0$ であれば, $e^{\rho x}/e^{\sigma x} = e^{(\rho - \sigma)x} \neq$ 定数. したがって, 2つの関数は互いに1次独立である.

[5] (1) $y_1 = e^x$, $y_2 = e^{-2x}$. (2) $y_1 = e^{-x} \sin x$, $y_2 = e^{-x} \cos x$.

[6] $\begin{pmatrix} w_1 \\ w_2 \end{pmatrix} = \begin{pmatrix} 1/2 & 1/2 \\ 1/2 & -1/2 \end{pmatrix} \begin{pmatrix} y_1 \\ y_2 \end{pmatrix}$

[7] (1) 基本系は $y_1 = \sin 2x$, $y_2 = \cos 2x$.

$$W(y_1, y_2) = \begin{vmatrix} \sin 2x & \cos 2x \\ 2\cos 2x & -2\sin 2x \end{vmatrix} = -2$$

(2) 基本系は $y_1 = e^{\omega x}$, $y_2 = xe^{\omega x}$.

$$W(y_1, y_2) = \begin{vmatrix} e^{\omega x} & xe^{\omega x} \\ \omega e^{\omega x} & (\omega x + 1)e^{\omega x} \end{vmatrix} = \begin{vmatrix} e^{\omega x} & xe^{\omega x} \\ 0 & e^{\omega x} \end{vmatrix} = e^{2\omega x}$$

[8] (1) 斉次方程式の基本系は $z_1 = e^{\omega x}$, $z_2 = e^{-\omega x}$. $y = u_1 e^{\omega x} + u_2 e^{-\omega x}$, $u_1' e^{\omega x} + u_2' e^{-\omega x} = 0$ とおく. $W(e^{\omega x}, e^{-\omega x}) = -2\omega$. $u_1 = \dfrac{1}{2\omega} \displaystyle\int dx'(a + bx')e^{-\omega x'} = -\dfrac{1}{2\omega^2}\left[a + b\left(x + \dfrac{1}{\omega}\right)\right]e^{-\omega x} + C_1$, $u_2 = -\dfrac{1}{2\omega^2}\left[a + b\left(x - \dfrac{1}{\omega}\right)\right]e^{\omega x} + C_2$. $y = -\dfrac{1}{\omega^2}(a + bx) + C_1 e^{\omega x} + C_2 e^{-\omega x}$.

(2) z_1, z_2, W は(1)と同じ. $u_1 = \dfrac{c}{2\omega} \displaystyle\int dx'e^{(\rho - \omega)x'} = \dfrac{c}{2\omega(\rho - \omega)} e^{(\rho - \omega)x} + C_1$, $u_2 = -\dfrac{c}{2\omega(\rho + \omega)} e^{(\rho + \omega)x} + C_2$. $y = \dfrac{c}{\rho^2 - \omega^2} e^{\rho x} + C_1 e^{\omega x} + C_2 e^{-\omega x}$.

(3) z_1, z_2, W は(1)と同じ. $u_1 = \dfrac{c}{2\omega} \displaystyle\int dx' = \dfrac{c}{2\omega}x + C_1$, $u_2 = -\dfrac{c}{2\omega} \displaystyle\int dx'e^{2\omega x'} = -\dfrac{c}{4\omega^2} e^{2\omega x} + C_2$. $y = \dfrac{c}{2\omega}\left(x - \dfrac{1}{2\omega}\right)e^{\omega x} + C_1 e^{\omega x} + C_2 e^{-\omega x}$.

(4) (1)と(2)の解を加え合わせて, $y = -\dfrac{1}{\omega^2}(a + bx) + \dfrac{c}{\rho^2 - \omega^2} e^{\rho x} + C_1 e^{\omega x} + C_2 e^{-\omega x}$.

(5) $z_1 = \sin \omega x$, $z_2 = \cos \omega x$. $W(z_1, z_2) = -\omega$. $u_1 = \dfrac{b}{\omega}\displaystyle\int dx' x' \cos \omega x' = \dfrac{b}{\omega^2}\Big(x \sin \omega x$

$+ \dfrac{1}{\omega} \cos \omega x \Big)$. $u_2 = \dfrac{b}{\omega^2}\Big(x \cos \omega x - \dfrac{1}{\omega} \sin \omega x \Big)$. $y = \dfrac{b}{\omega^2}x + C_1 \sin \omega x + C_2 \cos \omega x$.

[9] (1) $y = A + Bx$ を微分方程式の左辺に代入する. $-\omega^2(A + Bx) = a + bx$ を解いて, $A = -a/\omega^2$, $B = -b/\omega^2$ が得られる. $y = -(a + bx)/\omega^2$.

(2) $y = Ae^{\rho x}$ を微分方程式に代入して, $(\rho^2 - \omega^2)Ae^{\rho x} = ce^{\rho x}$. $A = c/(\rho^2 - \omega^2)$. $y = ce^{\rho x}/(\rho^2 - \omega^2)$.

(3) $y = Axe^{\omega x}$ とおいて, $2A\omega e^{\omega x} = ce^{\omega x}$. $A = c/2\omega$. $y = (c/2\omega)xe^{\omega x}$.

(4) 上の(1)と(2)の解の和が解となる.

(5) $y = Ax$ とおいて, $\omega^2 Ax = bx$. $A = b/\omega^2$. $y = (b/\omega^2)x$.

[10] (1) $y = A + Bx$ を微分方程式の左辺に代入する. $3B + A + Bx = ax$ から A, B が決まり, $3B = -A$, $B = a$. $y = a(-3 + x)$.

(2) $y = Ae^{-x}$ とおく. $-2Ae^{-x} = be^{-x}$ から, $-2A = b$. $y = -\dfrac{1}{2}be^{-x}$.

(3) $y = Axe^x$ とおく. $(0 \cdot x + 3)Ae^x = be^x$. $3A = b$. $y = \dfrac{1}{3}bxe^x$.

(4) $y = Ax^2 e^{3x}$ とおく. $(0 \cdot x^2 + 0 \cdot x + 2)Ae^{3x} = be^{3x}$. $2A = b$. $y = \dfrac{1}{2}bx^2 e^{3x}$.

(5) $y = Ax^2 \cos x + Bx \sin x$ を微分方程式に代入. 左辺 $= (0 \cdot x^2 \cos x - 4x \sin x + 2 \cdot \cos x)A + 2B \cos x$. $4A = -c$, $2A + 2B = 0$. $y = -\dfrac{1}{4}c(x^2 \cos x - x \sin x)$.

[11] (1) $W(e^{\mu x}, e^{\nu x}) = \begin{vmatrix} e^{\mu x} & e^{\nu x} \\ \mu e^{\mu x} & \nu e^{\nu x} \end{vmatrix} = e^{(\mu + \nu)x}\begin{vmatrix} 1 & 1 \\ \mu & \nu \end{vmatrix} = (\nu - \mu)e^{(\mu + \nu)x} \neq 0$.

(2) $W(e^{\mu x}, xe^{\mu x}, x^2 e^{\mu x}) = e^{3\mu x}\begin{vmatrix} 1 & x & x^2 \\ \mu & \mu x + 1 & \mu x^2 + 2x \\ \mu^2 & \mu^2 x + 2\mu & \mu^2 x^2 + 4\mu x + 2 \end{vmatrix}$

$= e^{3\mu x}\begin{vmatrix} 1 & x & x^2 \\ 0 & 1 & 2\mu \\ 0 & 2\mu & 4\mu x + 2 \end{vmatrix} = 2e^{3\mu x} \neq 0$.

[12] $y = e^{\rho x}$ とおいて, ρ に対する特性方程式を書く. (1) $\rho^3 + 6\rho^2 + 11\rho + 6 = (\rho + 1)(\rho + 2)(\rho + 3) = 0$. $y_1 = e^{-x}$, $y_2 = e^{-2x}$, $y_3 = e^{-3x}$. (2) $\rho^3 + 3\rho^2 + 4\rho + 2 = (\rho + 1)(\rho^2 + 2\rho + 2) = 0$. $y_1 = e^{-x}$, $y_2 = e^{-x} \sin x$, $y_3 = e^{-x} \cos x$. (3) $\rho^3 - 3\rho^2 + 3\rho - 1 = (\rho - 1)^3 = 0$. $y_1 = e^x$, $y_2 = xe^x$, $y_3 = x^2 e^x$.

第4章

[1] (a) $y'' = -\dfrac{p}{x}y' - \dfrac{q}{x^2}y$, $\partial f/\partial y = -q/x^2$, $\partial f/\partial y' = -p/x$.

(b) $\partial f/\partial y'$ と $\partial f/\partial y$ は x の全区間 $(-\infty, \infty)$ から点 $x = 0$ を除いた開区間 I で連続であり, この開区間 I で定理 1-3 の 2 つの前提条件が満たされる.

[2] (1) $\quad W(x, x^a) = \begin{vmatrix} x & x^a \\ 1 & ax^{a-1} \end{vmatrix} = (a-1)x^a \neq 0.$

(2) $\quad W(x, x\log x) = \begin{vmatrix} x & x\log x \\ 1 & 1+\log x \end{vmatrix} = x \neq 0.$

[3] $a \neq 1$ の場合. $Y(x) = -\dfrac{b}{a-1}\dfrac{1}{x'^a}\displaystyle\int(xx'^a - x'x^a)x'^a dx' = \dfrac{b}{(\alpha+1)(\alpha-a+2)}x^{\alpha+2}.$ $a=1$ の場合. $Y(x) = -b\displaystyle\int(xx'^\alpha \log x' - (x\log x)x'^\alpha)dx' = \dfrac{b}{(\alpha+1)^2}x^{\alpha+2}.$

第5章

[1] (1) $\quad y_1' = y_2, \ y_2' = -\dfrac{q}{x^2}y_1 - \dfrac{p}{x}y_2.$ (2) $\quad y_1' = y_2, \ y_2' = -q(x)y_1 - p(x).$

[2] (1)～(4)の2階の方程式を1階の連立方程式に直し，ベクトル形式 $\boldsymbol{y}' = A\boldsymbol{y}$ に書く.

(1) $\quad A = \begin{pmatrix} 0 & 1 \\ 2 & -1 \end{pmatrix}.$ (2) $\quad A = \begin{pmatrix} 0 & 1 \\ -2 & -2 \end{pmatrix}.$ (3) $\quad A = \begin{pmatrix} 0 & 1 \\ -9 & -6 \end{pmatrix}.$

(4) $\quad A = \begin{pmatrix} 0 & 1 \\ -1/2 & -3/2 \end{pmatrix}.$

[3] (1) 固有値方程式は $\begin{vmatrix} \rho & -1 \\ -2 & \rho+1 \end{vmatrix} = \rho^2 + \rho - 2 = 0.$ 根は $\rho = 1, -2.$ 固有ベクトルは, $\begin{pmatrix} 1 & -1 \\ -2 & 2 \end{pmatrix}\boldsymbol{f}_1 = 0, \ \begin{pmatrix} -2 & -1 \\ -2 & -1 \end{pmatrix}\boldsymbol{f}_2 = 0$ を解いて, $\boldsymbol{f}_1 = \begin{pmatrix} 1 \\ 1 \end{pmatrix}, \ \boldsymbol{f}_2 = \begin{pmatrix} 1 \\ -2 \end{pmatrix}.$ 解は $y = a\boldsymbol{f}_1 e^x + b\boldsymbol{f}_2 e^{-2x}.$

(2) 固有値方程式は $\begin{vmatrix} \rho & -1 \\ 2 & \rho+2 \end{vmatrix} = \rho^2 + 2\rho + 2 = 0.$ 根は $\rho = -1 \pm i.$ 固有ベクトルは, $\begin{pmatrix} -1+i & -1 \\ 2 & 1+i \end{pmatrix}\boldsymbol{f}_1 = 0, \ \begin{pmatrix} -1-i & -1 \\ 2 & 1-i \end{pmatrix}\boldsymbol{f}_2 = 0$ を解いて, $\boldsymbol{f}_1 = \begin{pmatrix} 1 \\ -1+i \end{pmatrix}, \ \boldsymbol{f}_2 = \begin{pmatrix} 1 \\ -1-i \end{pmatrix}.$

(3) 固有値方程式は $\begin{vmatrix} \rho & -1 \\ 9 & \rho+6 \end{vmatrix} = \rho^2 + 6\rho + 9 = 0.$ 根は $\rho = -3$ (重根). 固有ベクトルは $\boldsymbol{f} = \begin{pmatrix} 1 \\ -3 \end{pmatrix}.$ 解は $\boldsymbol{y} = (a+bx)\boldsymbol{f}e^{-3x}.$

(4) 固有値方程式は $\begin{vmatrix} \rho & -1 \\ 1/2 & \rho+3/2 \end{vmatrix} = \rho^2 + \dfrac{3}{2}\rho + \dfrac{1}{2} = 0.$ 根は $\rho = -1, -1/2.$ 固有ベクトルは, $\boldsymbol{f}_1 = \begin{pmatrix} 1 \\ -1 \end{pmatrix}, \ \boldsymbol{f}_2 = \begin{pmatrix} 1 \\ -1/2 \end{pmatrix}.$ 解は $\boldsymbol{y} = a\boldsymbol{f}_1 e^{-x} + b\boldsymbol{f}_2 e^{-x/2}.$

[4] (1) $Y'Y^{-1} = \omega I$ を積分して, $\log(YY_0^{-1}) = \omega Ix.$ 両辺の指数関数をとって, $YY_0^{-1} = \exp[\omega Ix].$ 右辺をテイラー展開して, $YY_0^{-1} = \cosh(\omega x)\boldsymbol{E} + \sinh(\omega x)I.$

(2) (1)と同様にして, $YY_0^{-1} = \cos(\omega x)\boldsymbol{E} + \sin(\omega x)J.$

[5] 行列 Y_0 を次のように決めればよい. (1) $Y_0^{-1} = \cosh(\omega x_0)\boldsymbol{E} + \sinh(\omega x_0)I.$ (2) $Y_0^{-1} = \cos(\omega x_0)\boldsymbol{E} + \sin(\omega x_0)J.$

[6] $Y'Y^{-1} = \omega Jx^{-1}$ を積分して, $\log(YY_0^{-1}) = \omega J\log|x|.$ 両辺の指数関数をとり, $YY_0^{-1} = \exp[\omega J\log x].$ 右辺を $\log x$ についてテイラー展開して, $YY_0^{-1} = \cos(\omega \log x) \times \boldsymbol{E} + \sin(\omega \log x)J = \dfrac{1}{2}(x^{i\omega} + x^{-i\omega})\boldsymbol{E} - \dfrac{i}{2}(x^{i\omega} - x^{-i\omega})J.$

[7]　$Z(x,u)=\dfrac{1}{2}\big[(x/u)^\omega+(x/u)^{-\omega}\big]E+\dfrac{1}{2}\big[(x/u)^\omega-(x/u)^{-\omega}\big]I.$　$E^2=I^2=E,$　$EI=$

$IE=I$ を用いて，$Z(x,u)Z(u,s)=\dfrac{1}{4}\big[(x/s)^\omega+(x/s)^{-\omega}+2(xs/u^2)^\omega\big]E+\dfrac{1}{4}\big[(x/s)^\omega+$

$(x/s)^{-\omega}-2(xs/u^2)^\omega\big]E+\dfrac{1}{4}\big[(x/s)^\omega-(x/s)^{-\omega}-(xs/u^2)^\omega+(xs/u^2)^{-\omega}\big]I+\dfrac{1}{4}\big[(x/s)^\omega-$

$(x/s)^{-\omega}+(xs/u^2)^\omega-(xs/u^2)^{-\omega}\big]I=\dfrac{1}{2}\big[(x/s)^\omega+(x/s)^{-\omega}\big]E+\dfrac{1}{2}\big[(x/s)^\omega-(x/s)^{-\omega}\big]I=Z(x,s)$

第6章

[1]　(1)(a)　$y=-\dfrac{3}{4}-\dfrac{1}{2}x+\dfrac{c}{2}\sum\limits_{n=0}^{\infty}\dfrac{1}{n!}(2x)^n=-\dfrac{3}{4}-\dfrac{1}{2}x+\dfrac{c}{2}e^{2x}.$　(b)　収束半径は

$\rho=\infty.$　(c)　$y'=ce^{2x}-1/2$ と y を微分方程式に代入して，左辺 $=x+1.$

(2)(a)　$y=cx+x^2.$　(b)　$\rho=\infty.$　(c)　$y'=c+2x$ と y を微分方程式の左辺に代入して，左辺 $=x.$

(3)(a)　$y=c_1\Big(1+\sum\limits_{k=1}^{\infty}\dfrac{1\cdot4\cdots(3k-2)}{(3k)!}x^{3k}\Big)+c_2x\Big(1+\sum\limits_{k=1}^{\infty}\dfrac{2\cdot5\cdots(3k-1)}{(3k+1)!}x^{3k}\Big).$　(b)　$\rho=\infty.$

(4)(a)　$y=\sum\limits_{n=0}^{\infty}c^{n+1}x^n=\dfrac{c}{1-cx}.$　(b)　$\rho=\dfrac{1}{c}.$

(5)(a)　$y=c_1\Big[1-\dfrac{a^2}{2!}x^2+\dfrac{a^2(a^2-4)}{4!}x^4-\dfrac{a^2(a^2-4)(a^2-16)}{6!}x^6+\cdots\Big]+c_2x\Big[1-\dfrac{a^2-1}{3!}x^2+$

$\dfrac{(a^2-1)(a^2-9)}{5!}x^4+\cdots\Big].$　　(b)　$\rho=1.$

[2]　(a)　$(\sin^{-1}x)'=1/\sqrt{1-x^2}$ を用いて，

$$y'=\big[-A\sin(a\sin^{-1}x)+B\cos(a\sin^{-1}x)\big]\dfrac{a}{\sqrt{1-x^2}}$$

$$y''=\big[-A\cos(a\sin^{-1}x)-B\sin(a\sin^{-1}x)\big]\dfrac{a^2}{(1-x^2)}$$

$$+\big[-A\sin(a\sin^{-1}x)+B\cos(a\sin^{-1}x)\big]\dfrac{ax}{(1-x^2)^{3/2}}$$

これらの式を前問 [1]の(5)の微分方程式に代入すればよい．(b)　省略．

[3]　(1)　$f(z,y)$ は領域 $|y|<\infty,$ $|z|<\infty$ で正則である．問題 [1]で求めた級数解 $y(z)$ は $|z|<\infty$ で存在する．

(2)　$f_1(z,y),$ $f_2(z,y)$ は $|z|<1,$ $|y_1|<\infty,$ $|y_2|<\infty$ で正則である．問題 [1]で求めた級数解は $|z|<1$ で存在する．

[4]　(a)　$y_1=y,$ $y_2=4y'$ とおいて，$y''+\dfrac{3}{16}z^{-2}y=0.$　(b)　$\boldsymbol{y}=(y_1,y_2)=(z^{1/4},z^{-3/4}),$

$\boldsymbol{y}=(z^{3/4},3z^{-1/4}).$　$Y=\begin{pmatrix}z^{1/4}&z^{3/4}\\z^{-3/4}&3z^{-1/4}\end{pmatrix}.$　(c)　$Y(ze^{2\pi i})=Y(z)J,$ $J=\begin{pmatrix}e^{i\pi/2}&0\\0&e^{-i\pi/2}\end{pmatrix}.$

$J=e^{2\pi i\Lambda}$ と表わすと，$\Lambda=\begin{pmatrix}1/4&0\\0&-1/4\end{pmatrix}.$　(d)　$Y(z)=\boldsymbol{\Phi}(z)e^{\Lambda\log z}=\boldsymbol{\Phi}(z)\begin{pmatrix}z^{1/4}&0\\0&z^{-1/4}\end{pmatrix}$

と表わすと，$\boldsymbol{\Phi}=\begin{pmatrix}1&z\\z^{-1}&3\end{pmatrix}.$　$\boldsymbol{\Phi}(z)$ は z^{-1} という極をもつから，$z=0$ は微分方程式 $\boldsymbol{y}'=A\boldsymbol{y}$ の確定特異点である．

[5] (a) $y''+z^{-1}y'+\omega^2 z^{-2}y=0$. (b) $y=z^\lambda$ とおいて，$\lambda(\lambda-1)+\lambda+\omega^2=\lambda^2+\omega^2=0$. $\lambda=\pm i\omega$. $\boldsymbol{y}_1=(z^{i\omega},iz^{i\omega})^{\mathrm{T}}$, $\boldsymbol{y}_2=(z^{-i\omega},-iz^{-i\omega})^{\mathrm{T}}$, $Y(z)=\begin{pmatrix} z^{i\omega} & z^{-i\omega} \\ iz^{i\omega} & -iz^{-i\omega} \end{pmatrix}$. (c)

$Y(ze^{2\pi i})=Y(z)J$, $J=\begin{pmatrix} e^{-2\pi\omega} & 0 \\ 0 & e^{2\pi\omega} \end{pmatrix}$. $J=e^{2\pi i\Lambda}$ と表わすと，$\Lambda=\begin{pmatrix} i\omega & 0 \\ 0 & -i\omega \end{pmatrix}$. (d)

$Y(z)=\boldsymbol{\Phi}(z)e^{\Lambda\log z}=\boldsymbol{\Phi}(z)\begin{pmatrix} z^{i\omega} & 0 \\ 0 & z^{-i\omega} \end{pmatrix}$ と表わすと，$\boldsymbol{\Phi}=\begin{pmatrix} 1 & 1 \\ i & -i \end{pmatrix}$. $\boldsymbol{\Phi}(z)$ は正則であり，$z=0$ は確定特異点である．

第7章

[1] (1)はオイラーの方程式である．$z=0$ のまわりでべき展開し，フロベニウスの方法を用いる．決定方程式の根は $\rho=\pm1$. 解は $y_1=az$, $y_2=bz^{-1}$.

(2) 特異点 $z=0$ について，$P_0=1/2$, $Q_0=0$ から，決定方程式の根は $\rho=0,1/2$. 解は $y_1=a(1+4z+2z^2)$, $y_2=b\sqrt{z}\left[1+\dfrac{5}{4}z+\dfrac{7}{2}\left(\dfrac{1}{4}z\right)^2+\cdots\right]$.

(3) $z=0$ のまわりで，$y=z^\rho\sum\limits_{k=0}^{\infty}a_k z^k$ とべき展開して，フロベニウスの方法を用いる．決定方程式の根は $\rho=\pm\nu$. $\rho=\nu\geqq0$ の場合，漸化式から，$a_{2m-1}=0$, $a_{2m}=\dfrac{(-1)^m}{4^m m!}\times$ $\dfrac{1}{(\nu+1)(\nu+2)\cdots(\nu+m)}a_0$. $a_0=\dfrac{1}{2^\nu}\Gamma(\nu+1)$ とおいて，ベッセル関数 $J_\nu(z)=\dfrac{z^\nu}{2^\nu\Gamma(\nu+1)}$ $\times\left[1+\sum\limits_{m=1}^{\infty}\dfrac{(-1)^m}{m!(\nu+1)(\nu+2)\cdots(\nu+m)}\left(\dfrac{z}{2}\right)^{2m}\right]$ が得られる．

[2] (1) 1次変換 $\zeta=(1-z)/2$ により，ルジャンドルの方程式は $\zeta(\zeta-1)y''+(2\zeta-1)y'-\nu(\nu+1)y$ に変換される．この方程式はガウスの方程式で，$\alpha=\nu+1$, $\beta=-\nu$, $\gamma=1$ とおいたものである．

(2) $\zeta=0$ におけるべき級数解で，決定方程式の根は $\rho=0$（重根）．$\zeta=0$ で対数項を含まない解は $P_\nu(z)=F(\nu+1,-\nu,1\,;\,\zeta)$.

(3) (2)の答で $v=l$ とおいて，$P_l(z)=1+(l+1)l\dfrac{z-1}{2}+\dfrac{(l+1)(l+2)l(l-1)}{(2!)^2}$ $\times\left(\dfrac{z-1}{2}\right)^2+\cdots+\dfrac{(2l)!}{(l!)^2}\left(\dfrac{z-1}{2}\right)^l$. $P_1(z)=1+(z-1)=z$, $P_2(z)=1+3(z-1)+\dfrac{24}{4}\dfrac{(z-1)^2}{4}$ $=\dfrac{3}{2}z^2-\dfrac{1}{2}$.

[3] (1) 特異点 $z=0$ に関して，$P(z)=(z+1)/(z+2)=1/2+O(z)$, $Q(z)=O(z)$. 決定方程式は $\rho(\rho-1)+\rho/2=\rho(\rho-1/2)=0$. 特異点 $z=-2$ に関して，$P(z)=(z+1)/z$ $=1/2+O(z)$, $Q(z)=O(z)$. 決定方程式は $\rho(\rho-1)+\rho/2=\rho(\rho-1/2)=0$. 特異点 $\dfrac{1}{z}=u=0$ に関して，決定方程式 $\rho(\rho-1)+\rho-4=\rho^2-4=0$. リーマンの P 関数は $P\begin{Bmatrix} -2 & 0 & \infty \\ 0 & 0 & 2 & z \\ 1/2 & 1/2 & -2 \end{Bmatrix}$ である．

(2)　1 次変換 $\zeta = -z/2$ により，$z = -2, 0, \infty$ は $\zeta = 1, 0, \infty$ へ移され，ガウスの微分方程式 $\zeta(\zeta-1)y'' + \left(\zeta - \dfrac{1}{2}\right)y' - 4y = 0$ が得られる．(7.40)式と比べて，$\alpha = 2$，$\beta = -2$，$\gamma = 1/2$ が得られる．

(3)　2 つの互いに独立な解が超幾何級数で表わされる．(7.41), (7.42)式により，

$$y_1 = F\left(2, -2, \frac{1}{2} \ ; \ -\frac{1}{2}z\right), \quad y_2 = \left(-\frac{1}{2}z\right)^{1/2} F\left(\frac{5}{2}, -\frac{3}{2}, \frac{3}{2} \ ; \ -\frac{1}{2}z\right)$$ が得られる．

索　引

稲見武夫

1943 年東京に生まれる. 1966 年東京大学理学部物理学科卒業.
1971 年東京大学大学院理学系研究科博士課程修了.
ラザフォード高エネルギー物理学研究所研究員, パリ大学オル
セー校理論物理学研究所研究員, 京都大学基礎物理学研究所助
教授, 中央大学理工学部教授を歴任.
現在, 中央大学名誉教授. 理学博士.
専攻, 素粒子論.

理工系の基礎数学 新装版

常微分方程式

1998 年 3 月 25 日	第 1 刷発行	
2014 年 4 月 15 日	第 9 刷発行	
2022 年 11 月 9 日	新装版第 1 刷発行	

著 者　稲見武夫

発行者　坂本政謙

発行所　株式会社 岩波書店
〒101-8002 東京都千代田区一ツ橋 2-5-5
電話案内 03-5210-4000
https://www.iwanami.co.jp/

印刷製本・法令印刷

Ⓒ Takeo Inami 2022
ISBN978-4-00-029915-2　　Printed in Japan

吉川圭二・和達三樹・薩摩順吉 編

理工系の基礎数学[新装版]

A5 判並製(全 10 冊)

理工系大学 1〜3 年生で必要な数学を,現代的視点から全 10 巻にまとめた.物理を中心とする数理科学の研究・教育経験豊かな著者が,直観的な理解を重視してわかりやすい説明を心がけたので,自力で読み進めることができる.また適切な演習問題と解答により十分な応用力が身につく.「理工系の数学入門コース」より少し上級.

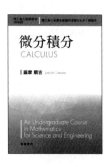

微分積分	薩摩順吉	248 頁	定価 3630 円
線形代数	藤原毅夫	240 頁	定価 3630 円
常微分方程式	稲見武夫	248 頁	定価 3630 円
偏微分方程式	及川正行	272 頁	定価 4070 円
複素関数	松田　哲	224 頁	定価 3630 円
フーリエ解析	福田礼次郎	240 頁	定価 3630 円
確率・統計	柴田文明	240 頁	定価 3630 円
数値計算	髙橋大輔	216 頁	定価 3410 円
群と表現	吉川圭二	264 頁	定価 3850 円
微分・位相幾何	和達三樹	280 頁	定価 4180 円

━━━━━ 岩波書店刊 ━━━━━

定価は消費税 10% 込です

2022 年 11 月現在

戸田盛和・広田良吾・和達三樹 編

理工系の数学入門コース

A5 判並製（全 8 冊）　　　　［新装版］

学生・教員から長年支持されてきた教科書シリーズの新装版．理工系のどの分野に進む人にとっても必要な数学の基礎をていねいに解説．詳しい解答のついた例題・問題に取り組むことで，計算力・応用力が身につく．

微分積分	和達三樹	270 頁	定価 2970 円
線形代数	戸田盛和 浅野功義	192 頁	定価 2750 円
ベクトル解析	戸田盛和	252 頁	定価 2860 円
常微分方程式	矢嶋信男	244 頁	定価 2970 円
複素関数	表　実	180 頁	定価 2750 円
フーリエ解析	大石進一	234 頁	定価 2860 円
確率・統計	薩摩順吉	236 頁	定価 2750 円
数値計算	川上一郎	218 頁	定価 3080 円

戸田盛和・和達三樹 編

理工系の数学入門コース／演習［新装版］

A5 判並製（全 5 冊）

微分積分演習	和達三樹 十河　清	292 頁	定価 3850 円
線形代数演習	浅野功義 大関清太	180 頁	定価 3300 円
ベクトル解析演習	戸田盛和 渡辺慎介	194 頁	定価 3080 円
微分方程式演習	和達三樹 矢嶋　徹	238 頁	定価 3520 円
複素関数演習	表　実 迫田誠治	210 頁	定価 3300 円

―――――――岩波書店刊―――――――

定価は消費税 10% 込です
2022 年 11 月現在

長岡洋介・原康夫 編

岩波基礎物理シリーズ［新装版］

A5 判並製（全 10 冊）

理工系の大学 1〜3 年向けの教科書シリーズの新装版．教授経験豊富な一流の執筆者が数式の物理的意味を丁寧に解説し，理解の難所で読者をサポートする．少し進んだ話題も工夫してわかりやすく盛り込み，応用力を養う適切な演習問題と解答も付した．コラムも楽しい．どの専門分野に進む人にとっても「次に役立つ」基礎力が身につく．

━━━━ 岩波書店刊 ━━━━

定価は消費税 10% 込です
2022 年 11 月現在

戸田盛和・中嶋貞雄 編

物理入門コース [新装版]

A5 判並製（全 10 冊）

理工系の学生が物理の基礎を学ぶための理想的なシリーズ．第一線の物理学者が本質を徹底的にかみくだいて説明．詳しい解答つきの例題・問題によって，理解が深まり，計算力が身につく．長年支持されてきた内容はそのまま，薄く，軽く，持ち歩きやすい造本に．

力　学	戸田盛和	258 頁	定価 2640 円
解析力学	小出昭一郎	192 頁	定価 2530 円
電磁気学 I　電場と磁場	長岡洋介	230 頁	定価 2640 円
電磁気学 II　変動する電磁場	長岡洋介	148 頁	定価 1980 円
量子力学 I　原子と量子	中嶋貞雄	228 頁	定価 2970 円
量子力学 II　基本法則と応用	中嶋貞雄	240 頁	定価 2970 円
熱・統計力学	戸田盛和	234 頁	定価 2750 円
弾性体と流体	恒藤敏彦	264 頁	定価 3300 円
相対性理論	中野董夫	234 頁	定価 3190 円
物理のための数学	和達三樹	288 頁	定価 2860 円

戸田盛和・中嶋貞雄 編

物理入門コース／演習 [新装版]　A5 判並製（全 5 冊）

例解　力学演習	戸田盛和 渡辺慎介	202 頁	定価 3080 円
例解　電磁気学演習	長岡洋介 丹慶勝市	236 頁	定価 3080 円
例解　量子力学演習	中嶋貞雄 吉岡大二郎	222 頁	定価 3520 円
例解　熱・統計力学演習	戸田盛和 市村　純	222 頁	定価 3520 円
例解　物理数学演習	和達三樹	196 頁	定価 3520 円

──────── 岩波書店刊 ────────

定価は消費税 10% 込です
2022 年 11 月現在

ファインマン，レイトン，サンズ 著
ファインマン物理学 [全5冊]
B5 判並製

物理学の素晴しさを伝えることを目的になされたカリフォルニア工科大学1，2年生向けの物理学入門講義．読者に対する話しかけがあり，リズムと流れがある大変個性的な教科書である．物理学徒必読の名著．

Ⅰ 力学	坪井忠二 訳	396 頁	定価 3740 円
Ⅱ 光・熱・波動	富山小太郎 訳	414 頁	定価 4180 円
Ⅲ 電磁気学	宮島龍興 訳	330 頁	定価 3740 円
Ⅳ 電磁波と物性 [増補版]	戸田盛和 訳	380 頁	定価 4400 円
Ⅴ 量子力学	砂川重信 訳	510 頁	定価 4730 円

ファインマン，レイトン，サンズ 著／河辺哲次 訳
ファインマン物理学問題集 [全2冊]　B5 判並製

名著『ファインマン物理学』に完全準拠する初の問題集．ファインマン自身が講義した当時の演習問題を再現し，ほとんどの問題に解答を付した．学習者のために，標準的な問題に限って日本語版独自の「ヒントと略解」を加えた．

1	主として『ファインマン物理学』のⅠ，Ⅱ巻に対応して，力学，光・熱・波動を扱う．	200 頁	定価 2970 円
2	主として『ファインマン物理学』のⅢ～Ⅴ巻に対応して，電磁気学，電磁波と物性，量子力学を扱う．	156 頁	定価 2530 円

──────── 岩 波 書 店 刊 ────────
定価は消費税 10% 込です
2022 年 11 月現在

松坂和夫 数学入門シリーズ (全6巻)

松坂和夫著　菊判並製

高校数学を学んでいれば，このシリーズで大学数学の基礎が体系的に自習できる．わかりやすい解説で定評あるロングセラーの新装版.

━━岩波書店刊━━

定価は消費税10%込です
2022年11月現在

新装版 数学読本（全6巻）

松坂和夫著　菊判並製

中学・高校の全範囲をあつかいながら，大学
数学の入り口まで独習できるように構成．深
く豊かな内容を一貫した流れで解説する．

1　自然数・整数・有理数や無理数・実数など　　226頁　　定価2310円
　の諸性質，式の計算，方程式の解き方など
　を解説．

2　簡単な関数から始め，座標を用いた基本的　　238頁　　定価2640円
　図形を調べたあと，指数関数・対数関数・
　三角関数に入る．

3　ベクトル，複素数を学んでから，空間図　　236頁　　定価2640円
　形の性質，2次式で表される図形へと進み，
　数列に入る．

4　数列，級数の諸性質など中等数学の足がた　　280頁　　定価2970円
　めをしたのち，順列と組合せ，確率の初歩，
　微分法へと進む．

5　前巻にひきつづき微積分法の計算と理論の　　292頁　　定価2970円
　初歩を解説するが，学校の教科書には見ら
　れない豊富な内容をあつかう．

6　行列と1次変換など，線形代数の初歩を　　228頁　　定価2530円
　あつかい，さらに数論の初歩，集合・論理
　などの現代数学の基礎概念へ．

—————————岩波書店刊—————————

定価は消費税10%込です
2022年11月現在